Ameranthropoides loysi
Montandon 1929

Ameranthropoides loysi
Montandon 1929:
The History of a Primatological Fraud
La Historia de un Fraude Primatológico

Bernardo Urbani
Ángel L. Viloria

www.librosenred.com

Dirección general: Marcelo Perazolo
Dirección de contenidos: Ivana Basset
Diseño de cubierta: Daniela Ferrán
Diagramación de interiores: Federico de Giacomi

Está prohibida la reproducción total o parcial de este libro, su tratamiento informático, la transmisión de cualquier forma o de cualquier medio, ya sea electrónico, mecánico, por fotocopia, registro u otros métodos, sin el permiso previo escrito de los titulares del Copyright.

© Bernardo Urbani & Ángel L. Viloria, 2008

First English edition - Print on demand
Primera edición en español - Impresión bajo demanda

© LibrosEnRed, 2008
Buenos Aires, Argentina
Una marca registrada de Amertown International S.A.

ISBN: 978-1-59754-445-0

1. History of Primatology. 2. Neotropical Primate. 3. *Ateles hybridus*. 4. 20th Century. 5. Human Evolution. 6. Bioanthropology. 7. Venezuela. I. Title.

1. Historia de la Primatología. 2. Primate Neotropical. 3. *Ateles hybridus*. 4. Siglo XX. 5. Evolución humana. 6. Bioantropología. 7. Venezuela. I. Título.

Para encargar más copias de este libro o conocer otros libros de esta colección visite www.librosenred.com

To the Perijá Mountains, land from which we keep something inside us…
A la Sierra de Perijá, tierra de la cual guardamos algo dentro de nosotros…

To the ones that are here, to the ones that already left…
A los que están, a los que ya se fueron…

Ameranthropoides loysi
Montandon 1929:
The History
of a Primatological Fraud

Foreword

In 1917 or 1918, Francois de Loys, a Swiss geologist and explorer working in Venezuela, initiated a hoax that was to have evil ramifications for many years to come. Hitler and the Nazi party, in order to justify their horrible treatment of "non-Aryan peoples," renovated a 16th Century theory of the polygenic origins of different peoples claiming that each "race" had separate origins and that only people of the "Aryan race" were derived from Adam and Eve. This theory was widely accepted in Europe and the U.S. by the time when de Loys took a picture of his recently deceased pet spider monkey propped up and placed in a pose in an attempt to make the creature look like some kind of "primitive ape." However, George Montandon, a Swiss/French physician, anthropologist and ethnologist, and a Nazi sympathizer, had motives other than humor and perpetuated this joke for far more sinister reasons. In 1929, in a series of scientific and popular papers, Montandon gave the photograph of the dead pet monkey the scientific name of *Ameranthropoides loysi* and perpetrated the rumor of a "primitive" type of anthropoid "ape" living in the jungles of South America. He used the fantasies of polygenism, accepted as truth by many in Western society, in an attempt to provide further evidence and perpetuate the terrors of Nazism. In the polygenic scheme espoused by Montandon, each of the four presumed races of man had independent evolutionary histories. "Whites" were derived from chimpanzees, "black

Africans" from gorillas, and "Asians" from orang utans. With the "discovery" of *Ameranthropoides loysi,* the "missing link" between Native Americans and apes was "discovered," providing further evidence for this 16th Century theory.

As widely and prolifically as the false evidence presented by Montandon was accepted when this story was being perpetrated, after Nazism was defeated and the theories promoting it became debunked and unpopular, the myth of the South American "ape" was quickly and conveniently forgotten. However, the retelling of the story is important to the history of physical anthropology, primatology, former "racial theory," political science, and to history and social science, generally. Furthermore, the bogus name *Ameranthropoides loysi* continues to appear in some taxonomic schemes.

If Bernardo Urbani and Ángel L. Viloria had not reconstructed this strange tale, it might well have been lost forever. The authors not only tell the story but they do it in a thorough, detailed and meticulous fashion. Urbani and Viloria also unravel the tale in an engaging and entertaining way, and the book reads much like an intriguing mystery, difficult to put down. Urbani and Viloria resurrect the "mythological ape," *Ameranthropoides loysi.* In doing so, they illustrate the malicious ways in which our primate cousins have been used to perpetrate racism and allow us to learn from some of past mistakes. Now, just as with the Piltdown man hoax, this primatological fraud has been given its place in history.

Robert W. Sussman
Full Professor of Anthropology and Environmental Sciences, Washington University-St. Louis. Editor, *Yearbook of Physical Anthropology.* Editor emeritus, *American Anthropologist.* Secretary, Section H (Anthropology), American Association for the Advancement of Science.

Preface

The following pages are the result of at least fourteen years of continuous research. In 1992, simultaneously and independently, the authors got the first news about certain François de Loys, geologist and explorer of Western Venezuela, who had allegedly shot an unknown animal, whose unique photograph illustrated several popular zoology books. Then, we independently consulted Franco Urbani, father of the first author, professor of geology at the Universidad Central de Venezuela, and historian of the Venezuelan geosciences. At that moment, we three discovered with surprise that it was not possible to get any information about the character involved. Then, we launched a long and intensive search in libraries and archives of several countries. What we had in 1996, as a result of these activities, was an impressive amount of documental antecedents to support our first publications about this issue, and a rather clear idea of a history that is still amazing.

A long lasting and worldwide polemic between anthropologists, zoologists, geologists, physicians, historians and mythopeics emerged around the portrait of a spider monkey that de Loys claimed to have killed in a remote forest of Venezuela. We herein gather the chronological facts and the confrontations of opinions that, most of them rather speculative, collectively made a scientific happening out of a picture in sepia-and-white. Even if the image it portrays is still shocking, it could have been more impressive and credible in its time, only if it had been accompanied with precise descriptions and less propaganda.

How George Montandon handled this issue was always a source of suspicion that the case had been intentionally forged. The evidences have pointed out that it was a fraud that eventually was used to build an eccentric evolutionary theory, and justified the criminal inclinations resulting from the extreme racism of the Nazis. They seemed to have found enough proofs for that. On the other hand, Enrique Tejera, an exceptional witness, in dates and places, declared jest to be the reason behind a fictitious history created by a good photographer, good-humored adventurer, who deceived an anthropologist badly trained in zoology and obsessed with the riddle of human evolution. Although a simple testimonial of this nature does not falsify the null hypothesis that the picture taken by de Loys represents the image of an unknown species, the academic reputation of the witness is very strong and lacks either the negative stigmas of the evolutionary propagandism or the racial fanaticism of Montandon. There is no reason to disbelieve the argumentations of Tejera.

In this surreal scenario where the guilty has been searched for almost eighty years, de Loys' image occasionally vanishes and Montandon appears more and more notorious. Sometimes this focussing reverts. After what is herein exposed, we think there will be no much more to explain, that cannot be considered a myth, in the frisky history of the case of the *Ameranthropoides loysi.*

Bernardo Urbani
Ángel L. Viloria
Caracas, Venezuela.

1. Short historical context

During the first half of the 20th Century, South America, and Venezuela in particular, were in the middle of an oil exploration boom, mainly in the Lake Maracaibo basin (Fig. 1) (Crump, 1948; Arnold *et al.*, 1960; Martínez, 1986; Anonymous, 1989; Blakey, 1991; Urbani & Falcón, 1992; Urbani, 2001). At the same time, the question of human origins was actively discussed in European academic circles (Lewin, 1989). An alleged South American ape, "discovered" in a Venezuelan forest in 1917 or 1918, and described in 1929 as *Ameranthropoides loysi*, fueled a debate linking the two previous historical events. This began a long controversy that traveled around the world. In this work, the stages of the de Loys' "ape" case are presented as the emergence of one of the major bioanthropological hoaxes of the past century, comparable with the Piltdown Man fraud.

We re-examine the events that led to the "discovery," and disclose new information on the controversy, including some data published in Venezuela previously unknown in academic circles. As concluded at the end of this work, it is strongly suggested that this was an elaborated and premeditated hoax by the two perpetrators, François de Loys and George Montandon. After more than 75 years, the description of this South American "ape" comes to a final resolution.

2. About the main characters of the *Ameranthropoides loysi* affair

The first two individuals involved in the case of the *Ameranthropoides loysi* were the Swiss geologist François de Loys and the Swiss physician George Montandon. A third person was the Venezuelan medical doctor Enrique Tejera, whose testimony helped to solve the case of this alleged ape. These individuals' lives became intertwined. Therefore, in order to understand this history and the development of the controversy, their main biographical information is summarized.

François de Loys (1892-1935)

François de Loys belonged to a noble family from the Canton of Vaud, francophone Switzerland, with a political, military, and scientific tradition since the 15th Century (Attinger, 1928). Louis *François* Fernand Héctor *de Loys*—who went by François de Loys—(Fig. 2) was born in Plainpalais, on May 10th 1892. He was the third of five children of the marriage of a French military at the service of the Swiss Army, Divisional Colonel Robert Fernand Treytorrens de Loys and Mrs. Marie Madeleine Zélie Ebrard, of Geneva. He registered in the Faculty of Sciences of the Université de Lausanne on November 1912, and became member of the Geological Society of Switzerland in 1915. He passed his exams at the beginning of 1917, earning a doctoral degree in Geology with the dissertation *La géologie du massif de la Dent du Midi* under the supervision of Professor Maurice Lugeon, which appears registered on April 4th of the same year. Immediately he traveled to Venezuela, hired by the Dutch company Bataafsche Petroleum Maatschappij that soon merged as part of the consortium Royal Dutch-Shell Group.

In Venezuela, he was assigned the task of exploring and mapping the geology of the Tarra River basin under the Colon Development Company Ltd., a subsidiary of the Caribbean Petroleum Company owned by Royal-Dutch. Dr. de Loys was one of the first geologists that settled in El Cubo Camp, Zulia state (Table 1). This is inferred from letters dated between 1917 and 1920 that he sent to his Professor Elie Gagnebin. These letters were later published in a newspaper of Lausanne (Gagnebin, 1930; de Loys, 1930a, 1930b). Such documents reflect the most lively and candid impressions of the young geologist about the accomplishment of his work in the Venezuelan forests. Dr. de Loys stayed in Venezuela for three years (Gagnebin, 1928, 1935). Here, he wrote a report signed in Caracas (de Loys, 1918b). He studied the area of the Tarra anticline, geologically mapping a fringe 5 km wide, from about 6 km to the north of El Cubo to about 25 km to the south.

It is known from his letters that on his way to Venezuela, he went first to New York, and from there he took a steamboat to Puerto Rico, Dominican Republic, Saint Thomas, and finally, the port of La Guaira, Venezuela. After a brief visit to the company offices in Caracas, he left for Maracaibo by ship, making a stopover in Curaçao. His route to his work destination included sailing south through Lake Maracaibo, entering the Catatumbo River, reaching the village of Encontrados, from where he continued navigation in smaller boats up the Tarra River for three days and two nights, arriving to El Cubo field camp in Perijá, Zulia state (Fig. 1). The precarious conditions of that camp caused a great impression on the young

Swiss who, for the first time, experienced severe climatic conditions, particularly the effect of tropical weather. The main goal of the geologist and his Venezuelan companions was not only a geological study, but also to make the first topographical survey of the area. He constantly organized fluvial and terrestrial trips, and in one of those he had the alleged fortuitous encounter with the "ape."

By mid 1918, Dr. de Loys went to Caracas for health reasons. He then spent some time in Los Teques and later returned to Zulia. That same year he traveled to the Venezuelan Andes from Encontrados to San Cristóbal and from there to Pamplona (Colombia), passing the towns of Colón, Lobatera, Borota, Palmira, Táriba, San Antonio, Cúcuta (Colombia), Chinácota, Málaga, and Salazar. He also went through Bailadores, Mucuchíes, and Santa Bárbara to the city of Mérida. By 1919, he had published several of his geological works in Switzerland (De Loys, 1915, 1916, 1918a, 1918c, 1919). He also wrote at least two private reports on the geology of the Tarra River. Only one of them has hitherto been found (de Loys, 1918b), but a second reference remains missing (de Loys and Dagenais, 1918).

In March 1920, he returned again to Maracaibo to recover from fever and amoebic dysentery contracted in the Tarra region. As it will be seen, doctor Enrique Tejera probably treated de Loys. Tejera was knowledgeable of tropical illnesses such as yellow fever (Tejera, 1919a, 1919b, 1919c) and amoebic dysentery (Tejera, 1917a, 1917b). At that time, de Loys accepted an offer to work in Algeria, and on May 17th 1920, he embarked from Maracaibo to Holland (de Loys, 1930a). The membership lists of the Geological Society of Switzerland from 1920 to 1923 indicate his residence in Durigny (Switzerland), but in the 1926 and subsequent published lists, his name is no longer included. On March 2nd 1921, there appeared a short note in the *Journal de Gèneve*, a report by Eugène Pittard

(1921), who was the founder of the Musée ethnographique de Gèneve, saying that a geologist, F. de Loys, had returned from South America, and indicated the existence of a large sized monkey, presumably a new species. De Loys also donated to this museum several ethnological objects of the Barí (at that time known as the Motilon Indians) and archaeological pieces from the Venezuelan Andes that he had excavated (Pittard, 1922; Wassén, 1934). In that period he also worked in North African and Balkan countries. Around 1923, he carried out oil explorations in the border between Mexico and the United States. In 1924, he was in San Antonio, Texas, where on March 1st he married Winifred S. G. Taylor (London, November 2nd 1896-Los Angeles, May 10th 1936). When the Bataafsche contract expired, he returned to London. In 1926, de Loys was employed as a geological advisor for the Turkish Petroleum Company to work in the first deep exploratory drilling in Iraq. During his stay in that country he was appointed as Geologist-in-Chief in the area that later would become one of the richest oil areas in the world.

On May 23th 1928, François de Loys was elected Fellow of the Geological Society of London. Between 1926 and 1928, he had become an important individual within the Turkish Petroleum Company, and established relationships with numerous European personalities (Gagnebin, 1935). In 1928, he published his *Monographie géologique de la Dent du Midi* (de Loys, 1928). In 1934, one year before his death, he published his last paper, the *Flle. 8* of the *Atlas géologique suisse* (de Loys *et al.*, 1934). In Iraq, de Loys contracted syphilis and with the worsening of his physical condition returned to Lausanne, dying on October 16th 1935. Then 43 years-old, he left no descendants. His remains were buried in the cemetery of l'Ecublens in Geneva, Switzerland. Dr. Elie Gagnebin of the Université de Lausanne, who was one of the most influential professors in F. de Loys' career, referred to his student in the best terms, highlighting that as a professional he had the fortune to get involved in the decisive moments of the "Golden Age" of oil exploration in the most productive places of the world (Blakey, 1991).

GEORGE MONTANDON (1879-1944 OR 1961)

George-Alexis *Montandon* was the son of French parents who immigrated to Switzerland. He was born on April 19th 1879, in Cortalloid, canton of Neuchâtel, Switzerland. George Montandon (Fig. 2) registered in the Faculty of Medicine of Geneva, Zurich, and Lausanne, where he obtained the title of Doctor of the State in 1906. He graduated as Doctor in Medicine in 1908. In 1909, he attended courses on tropical malaria in Hamburg. From there, he planned and started an expedition to Ethiopia, resulting in the writing of his first travel book (Montandon, 1913). Back in Switzerland, he worked as physician in Lausanne, where he developed a particular interest in anthropology (Knobel, 1988). He served as a volunteer doctor during the First World War; and between March 1919 and June 1921, he headed a mission of the Red Cross of Geneva to eastern Siberia. There he met and married Marie Zviaghina in Vladivostok with whom he had two children (Mazet, 1999). Among his duties was the organization of the repatriation of prisoners of war. Later, he traveled to Japan where he carried out craniometrical measurements of the Ainu ethnic group (Montandon, 1926a, 1929m; Durand, 1984; Morger, 2000: Pers. com.). Until this time, he was an active bolshevik, member of the Communist Party in Laussanne, and apparently appointed by the Soviet Secret Service. By 1923, he was a militant of the Ligue suisse pour la défense des indigènes [Swiss Ligue for the Defense of Indigenous People], interested in the enforcement of human rights (Mazet, 1999).

In 1925, after practicing medicine in Lausanne, G. Montandon moved to Paris to be part of the staff of the Laboratory of Anthropology of the Musée National d'Histoire Naturelle. Since 1918, he had established a relationship with Paul Rivet (Montandon, 1929m: 271), an ethnologist of excellent reputation, and with strong anti-fascist and anti-racist opinions (Jamin, 1989). It is possible that he met F. de Loys in Lausanne. In 1926, he openly declared himself anti-Jewish (Montandon, 1926b). Based on his previous trip to Asia, Montandon published his better-known work *Au pays des Aïnou. Exploration anthropologique* (1927). In this work, he is listed as member of the Société de Geographie, an institution which by that time, and contrary to the Société d'Anthropologie de Paris, accepted the ideas of "inegalité des races [inequality of the races]" with an "interprétation utilitaire, mercantile, ou politique [utilitarian, mercantilist, or political interpretation]" of anthropology that favored ideas of colonialism (Ducros, 1997: 324). A year later, he published his book *L'ologenese humaine (Ologénisme)* (Montandon, 1928), followed by numerous papers on the alleged new ape, the *Ameranthropoides loysi* (Montandon, 1929a, 1929b, 1929c, 1929d, 1929f, 1929g). Between 1931 and 1933, he was professor of ethnology in several public and private schools (Knobel, 1988). In 1933, he published *La race, les races. Mise au point d'ethonologie somatique* (Montandon, 1933) where he continued developing his racist ideas (Knobel, 1988). When referring to his notion of human hologenesis, he states that "si nous rallions à l'ologenese, ce n'est pas que nous y vyions la vérité absolue, mais l'hypotheese qui est à base rend compte de faits multiples, tant dans la domaine biologique général que dans le domaine de la raciologie humaine [if we adhere to the hologenesis, it is not that we see in it the absolute truth, but the underlying hypothesis reveals diverse events in the realm of general biology as well as in the realm of the human raciology]" (Montandon, 1933: 95). In 1934, his work *L'ologénesè culturelle, Traité d'ethnologie cycloculturelle et d'ergologie systématique* (Montandon, 1934) was published. In 1935, *L'ethnie française* (Montandon, 1935), a book in which he referred to the existence of different French ethnic groups in Canada, Switzerland, Belgium, and France, appeared in print. G. Montandon's ideology was nurtured by the national-socialist racism that turned later into extreme radicalization. In 1938, the Nazi Hans K. F. Günther, who supported the idea of castrating or killing Jewish men and cutting off the tip of Jewish women's noses, considered appropriate Montandon's (1935) anti-Semitic ideas regarding the "solution" of what they called the "Jewish affair" (Knobel, 1988). Montandon was hired by Louis Darquier de Pellepoix as "racial theorist" (Ryan 1996), and as a "scientific expert" and member of the board with René Martial in the Commisariat Général aux Question Juives were he worked to "scientifically" justify the French pro-Nazi Régime de Vichy, presided over by Henri Philipe Pétain (Billig 1974, Wellers 1982, Leonard, 1985, Jackson 2001, Rayski 2005). In light of this acceptance, Billig (1974: 189) states that G. Montandon's anti-Semitic racism helped to promote Nazi ideas that justified racial policies in France. In this country, then, G. Montandon was an instigator of the Nazi biopolitics established in Germany whose terrible "scientific basis" and consequences are discussed in Stein (1988) and Wolpoff and Caspari (1997: 136).

The works of G. Montandon, celebrated by the radical anti-Semitic racism, served as theoretical basis to grant certificates identifying people as not belonging to the "Jewish race" (Knobel, 1988: 111). The radicalization of his racist ideas led him to adopt positions that qualified Jews as an "ethnie putaine [prostituted ethnic group]" (Montandon, 1939b). His ultra-racist posture advanced to extremes of megalomania, to the point of considering himself the original author of Adolf Hitler's despicable and racist ideas. He states: "Prétendre à ce propos que obéis à des suggestions hitlériennes est un non-sens. C'est plutôt Hitler quis s'est saisi des miennes –les réalisant en pleine guerre et sans accords réciproques [To this concern to pretend that Hitler's ideas are from him is an absurdity. It is rather Hitler who has taken my suggestions– executing them in times of war and without reciprocal agreement]." (Knobel, 1988: 110). To this P. E. Gaude (1940: 3) replies with indignation: "Comme le docteur Montandon fait suivre, dans larevue raciste germane-italienne, sa signure de son titre of profesour à l'Ecole of Anthropologie de Paris, la presse allemande cherche à faire croire that ses élucubrations, disons polémiques, représentent la penseé scientifique française [As doctor Montandon insinuated in a German-Italian racist magazine, in which he signed as a professor of the School of Anthropology of Paris, the German press tried to make believe that his elucubrations by way of polemics, represent French scientific thought]." Sadly enough, the ideas of G. Montandon permeated the greater public audience (Breton, 1981: 5; Singer, 1997).

In 1940, G. Montandon again rekindled the "notion de race pure, ou de race originelle [notion of a pure race or of an original race]" that previously had been abandoned in France (Ducros, 1997: 323). That year he published the *Comment reconnaître et expliquer le Juif*? (Montandon, 1940). In 1943, one year before his probable physical disappearance, he published his last book, *L'Homme préhistorique et les préhumains* (1943). That same year he donated to medical students in Paris a copy of the translated *Manual d'eugénique et d'herédité humaine* written by the Nazi Otmar von Verschuer, Director of the Anthropological Institute of Berlin (Mazet, 1999). By 1944, Montandon continued collaborating with the Nazi occupants (Fig. 3), and was proposed as one of the principal guests for the anti-Jewish Congress of Cracow organized by Hitler's Ministry of Propaganda, along with the majority of European anti-Jewish leaders of that time (Weinreich 1946).

According to Knobel (1988, 1999) and confirmed by Azaria (2004: pers. comm.), George Montandon died on August 3rd 1944 at 8 am by a bullet to the head at Clamart, a Paris suburb. In a letter by Alain Froment (1998, pers. comm.) of the Society of Anthropology of Paris, he states: "It took me some time to get more information about the request concerning Georges [sic] Montandon. The result is quite disappointing… there are no family archives, because Montandon's house in Paris was completely destroyed in 1944. You have to know that during German occupation, Montandon turned out to be an active collaborator of the Nazis and a virulent anti-Semite. That is why he was severely wounded (and his wife) by a commando of the French Resistance. Montandon eventually died in Germany the same year… Even his obituary was not published in the Bulletins." However, Singer (1997) was able to locate an alleged Montandon's death certificate. He supposedly died in the Hospital de Lariboisière (France), but apparently escaped to Germany on August 15th 1944. Singer (1997) indicates, based on archival records that Montandon actually died in the Karl Weinrich Hospital on September 4th 1961 in Fulda, Hesse province, Germany. A biographic note in an encyclopedic dictionary published after Montandon's apparent death, indicates that the Swiss doctor born in 1879, without any indication of his death (Anonymous, 1952a). This information and the different versions of Knobel, Singer, and Froment, cast a serious doubt regarding Montandon's whereabouts after the events of 1944.

In addition, Montandon could be considered as among those who vigorously championed the theory of hologenesis proposed and developed by the Italian hemintologist Daniele Rosa (1918). Hologenesis is an evolutionary theory that was introduced as an alternative to the neo-Darwinist view assumed by most Western biological circles in the second decade of the 20th Century. D. Rosa considered that natural selection did not determine the evolutionary process of the species, but rather that species had a "programmed" historical process. Then, when reaching "maturity," the populations of certain species would split resulting in two (and only two) different species (new and young). This process would occur without the intervention of environmental factors, as opposed to natural selection. D. Rosa introduced an explicit notion that was an alternative to conventional evolutionary thought. In hologenesis, species do not necessarily originate in a single geographical place (center of origin, *sensu* Darwin); but rather, they could emerge simultaneously in extensive and even discontinuous areas. This offered an explanation to account for the existence of extreme geographical disjunctions in some living species, and provided the notion of programmed evolutionary parallelisms. Montandon quickly assimilated this hologenesis paradigm into a principle that could be used to address issues of human evolution. He used it to support the notion that "human races" could have appeared simultaneously in different regions of the world without having a common ancestor; thus, the hologenism. It seems that no other polygenist evolutionary model proposed at the time fit so well his racist arguments. The hologenesis theory allowed Montandon to assert that human "racial types" were truly different species that could be assigned arbitrary scales of inferiority and superiority according to his Nazi prejudices. Daniele Rosa was known in the Italian primatological and anthropological communities in the 1920s through journals such as the *Giornale per la morfologia dell'uomo e dei primati* (Issel 1919). Nowadays he is still well known but considered mostly a historical figure, an academic of curious mind whose work never received proper credit as a precursor to modern evolutionary thought, in particular biogeography and cladistics (e.g., Willi Hennig, but see Léon Croizat).

Enrique Tejera (1899-1980)

E. Tejera was born in Valencia, Carabobo state, Venezuela, on November 5th 1899. He was the son of a lawyer and judge, Enrique Tejera, Sr., and Carmen Guevara Zuloaga. Since his childhood, *Enrique* Guillermo *Tejera* Guevara (Fig. 2) showed great interest in medicine, natural sciences, and politics, publishing his first scientific report at the early age of 14 (Tejera, 1913). He left Venezuela for a brief time during the dictarorship of Juan Vicente Gómez to escape persecution since he was a politically active student leader. He went to Paris (Tejera-París, 1997) and there, in 1914 during the First World War, he worked as a front line ambulance volunteer for French troops in Africa. He returned to Venezuela and graduated in medicine at the Universidad Central de Venezuela in 1917, and later received the French Colonial Medical Doctor degree (de Jesús-Díaz and Marín, 1982). At that time, Tejera maintained strong relationships with the International Red Cross, and attended conferences of this institution held in Paris and Geneva in 1921. It is important to note that during the second half of the 19th Century and the first of the 20th Century, French language was commonly used in Venezuelan academic circles. Mainly medical doctors studied French science. Thus, the Venezuelan pioneering works in biological anthropology are those of French educated Venezuelan doctors such as the early research of the medical doctor Gaspar Marcano (1889).

After his return to Venezuela, Tejera attended the Second Venezuelan Congress of Medicine that took place in Maracaibo, state of Zulia between January 18th and 23rd 1917 (Tejera, 1917). In that year, the Caribbean Petroleum Company hired him to work as a physician in the oil fields of the southern Lake Maracaibo area, in Perijá and Mene Grande (Fig. 1, Tabla 1). At his laboratory in the oil company facilities, he performed experiments on several tropical illnesses, publishing a remarkable quantity of work (Tejera 1917a, 1917b, 1917c, 1918a, 1918b, 1919a, 1919b, 1919c, 1920a, 1920b, 1920c). This was an area of great scientific interest, as reflected in the bibliography of the Sierra of Perijá compiled by Viloria (1997). It was probably at the Lake Maracaibo basin oil fields that Tejera met the geologist de Loys (Table 1). Between 1919 and 1922, Tejera worked in the Pasteur Institute of Paris with Dr. Brumpt (Tejera-París, 1994). With other Venezuelan doctors such as D. Rísquez and B. Perdomo-Hurtado, Tejera was part of the Venezuelan delegation that participated in the celebration of the Centennial of the Academy of Medicine of Paris, carried out in the French capital in December 1921. Then, in 1924, he was appointed Director of the Laboratory of Microbiology of the Venezuela Ministry of Health, where he worked as an epidemiologist. Beginning in 1929, he traveled again to Paris with his family, taking some days to attend a medical congress in Egypt. In June 8th 1929, he returned to his homeland, Valencia, Venezuela. In 1935, he was elected president of the Venezuelan Red Cross (Tejera-París, 1994).

At the beginning of 1936, he was nominated Minister of Health and Agriculture, and later on, between 1936 and 1938, appointed Plenipotentiary Ambassador to Belgium. In 1939, he was named Minister of Education, and between 1943 and 1945, Venezuelan Ambassador to Paraguay and Uruguay. His last political position was as governor of his native Carabobo state. Later on, he devoted himself to academic activities, teaching Tropical Pathology. In laboratories of Venezuela and the United States, he cultivated more than 32,500 fungi plates in search of new antibiotics against tropical illnesses. In 1949, he was named President of the Pan-American Medical Confederation in Lima, after attending many international congresses, from Cairo to Buenos Aires and Lausanne. It is also possible that E. Tejera met G. Montandon while studying tropical medicine in Hamburg, or during his multiple trips to

Paris as an active member of the Red Cross, becoming aware of Montandon's racist ideas (Tejera, 1962).

Over his long academic and political career, Tejera received many distinctions. These included the Order of the Liberator from Venezuela, the Noch Medal of the Institute of Tropical Medicine of Hamburg (Germany), the Great Cord of the Order of the Condor of the Andes (Bolivia), and the Great Cord of the Order of the Crown of Belgium, aside from having been named Knight of the French Honor Legion (Sáenz de la Calzada, 1953). Enrique Tejera died in Caracas, Venezuela, on November 28th 1980 at the age of 82.

3. Development
of the Controversy

The "Discovery" of the F. de Loys "Ape"

Although the exact date was never revealed, the "discovery" of the supposed ape probably occurred between August 1917 and November 1918 (Viloria *et al.*, 1998), when François de Loys, accompanied by an exploration group of Venezuelan workers, conducted a geological survey in a tributary of the Upper Tarra River of the Catatumbo River basin. While there, they witnessed the aggressive approach of two animals. At first, these were believed to be bears. These animals "attacked" the party of men by throwing branches and excrement. De Loys (1929a) describes this surprising encounter. The group responded by raising their rifles, shooting and killing the nearest animal while wounding the other. According to F. de Loys, nobody in the group had previously seen such a stout animal in the region, which appeared to be an "ape" of large proportions. The geologist said to have examined the corpse, determining that it was a female of grayish color, without tail, of 1.57 m height, with 32 teeth, and an estimated weight above 50 kg. These features did not belong to any previously known primate in the Neotropics. The "ape" was seated on a wooden crate on the sand bank of a river, supported by a stick under the chin, and photographed. Later on it was skinned. Its skin and skull presumably were kept, but they were lost in a series of accidents that the expedition suffered some days later.

Montandon (1929g: 184) asserted that "De Loys le confia-au 'cuisinier' de l'expédition Celui-ci le convertit in réservoir à sel. Mais l'humidité et la chaleur produisirent une dissolution qui en fit sauter les sutures [de Loys gave (the skin and the skull) to the cook of the expedition. He (the cook) kept it in a salt container. But the humidity and heat produced a breakup that dissolved the sutures (of the crania)]." De Loys apparently informed his mother about this event, and as indicated above, he made an early report of the discovery of a large primate (Pittard, 1921).

A second and practically unknown paper by F. de Loys (de Loys, 1929b) was published in the Sunday magazine of *The Washington Post* (Appendix B). He wrote about Montandon's hologenesis ideas and about the exaggerated and dramatic events leading up to the "discovery." Finally, the only evidence that remained of the animal was the photograph (Fig. 4), which was exhibited at the Musée de l'Homme of Paris (Hershkovitz, 1960; Tejera, 1962).

France 1929: The *Ameranthropoides loysi* Is Described

After more than 10 years of the alleged "discovery," on March 11th 1929, George Montandon presented a communication to the Academy of Sciences of Paris that was read by one of its members, the zoologist Eugene Bouvier (Montandon, 1929a, Fig. 5). The document described François de Loys' unique anthropological and zoological "discovery" in Venezuela. He mentioned the picture, and emphasized the size of the animal, using as reference the box on which it was photographed (seemingly a standard model 45 cm high). He pointed out the absence of the tail and the dental formula, two characteristics that were impossible to determine from the image (Fig.

4). Finally, G. Montandon considered the specimen's "hyperdevelopment" of the clitoris as a feature that suggested the possibility that the animal was a new species of the genus *Ateles* (spider monkey). But based on "characteristics so distinctive" as the tail absence and the number of teeth, he proposed the family Ameranthropoidæ with a single representative *Ameranthropoides* or *Amer-anthropoides Loysi* (Montandon, 1929a). G. Montandon sent this report to several magazines. Depending on the version, it was written for popular scientific diffusion such as *Le Nature* or strictly scientific journals as the *Comptes rendus hebdomadaires des séances de l'Académie des Sciences* (Montandon, 1929a, 1929b, 1929c, 1929d, 1929f, 1929g). He quickly captured the attention of European academic circles, especially the anthropological community. The most complete and definitive article detailing the particularities of the "discovery" and its implications was published in the *Journal de la Société des Americanistes*.

From April to July 1929, several comments appeared in print about the presence of this "new" primate in South America, some signed by prominent French scientists. Among them, F. Honoré (1929: 451) published in *L'Illustration* on April 13th a summary of the "discovery" of the *Ameranthropoides*. The photograph that accompanies this report was retouched to hide the sexual organ since the image was expected to circulate in a popular family magazine (Fig. 6). The report also includes a map showing the peopling of the world according to the hologenetic theory (Fig. 7). He remarks the importance of organizing an expedition to search for the "ape," and suggests that the American Museum Natural of History in New York could support such project. He felt that this institution had the necessary resources; and that Harold Coolidge, who was a well-known primate hunter, might finance such an expedition.

On May 11th, Leónce Joleaud wrote about the "ape" admitting that it had features similar to the spider monkey (*Ateles* spp.). However, he concludes his review stating that similar to "Gibbons et aux Atèles, hôtes parfaitement adaptés aux conditions de vie des forêst tropicales de l'Inde et de l'Amerique du Soud, se lieraient, comme terme final d'evolution, le Pithécanthrope et l'Améranthropoïde [Gibbons and *Ateles* are perfectly adapted to the conditions of the tropical forest of India and South America, they should be linked like as a final evolutionary destination, the Pithecanthropus and the *Ameranthropoides*]" (Joleaud, 1929: 273).

The second note that Montandon wrote on the *Ameranthropoides* appears published in April, and it is only a reproduction of the first one (Montandon, 1929b). On May 11th, he drafted a new report on this topic but for popular dissemination (Montandon, 1929c). Four days later, another note appeared in a publication of broad diffusion, which reproduced again the picture of the animal, concluding that this "ape" sustained his theory of human hologenesis (Montandon, 1929d).

On June 15th, François de Loys (1929a), in agreement with G. Montandon, published the news of the "South American ape" in a London popular magazine, the *Illustrated London News* (Fig. 8). This note provides information on the context of the animal's "discovery," as well as presenting some of Montandon's ideas on human hologenesis. Very shortly after, a new note from Montandon appeared, clarifying that the height of 1.35 m mentioned for *A. loysi* in the first article (Montandon, 1929a) is wrong, and that the true height of the animal is 1.57 m (Montandon, 1929c, 1929d, 1929f). Montandon imputed the estimated error to the careless communication of the "discoverer," F. de Loys. This size correction probably had been made just before the draft went to the printer of the journal *L'Anthropologie* (publication of the Institut Français de Anthropologie, hereafter referred to as IFA) (Montandon, 1929f). This is because the session of the IFA where Montandon communicated his work was March 20th 1929, almost three months before the publication of F. de Loys' corrected measurement on June 15th (de Loys, 1929a). In addition, it is historically interesting to note that Dr. Wolfgang Köhler, who was an authority and pioneer in chimpanzee behavior research, attended this IFA session. Köhler worked with apes in the German research station at Tenerife, Canary Islands, Spain between 1913 and 1917 (Glaser, 1996; Mitchell, 1999), where he gathered information for his book *The Mentality of Apes* (Köhler, 1925).

On July 1st, Georges Bohn (1929) referred to the "sensational discovery" of the *Ameranthropoides loysi* as human's newest relative. In July, the French expert on mammals E. Bourdelle (1929) wrote an essay on the "new American ape." His discussion began mentioning the story of a "Femme-Singe [woman-monkey]" supposedly captured by the locals in Kivu of the former Belgian Congo. The animal in question was a "créature mi-néggrese, mi-guenon, serait âgée de neuf à dix ans environ, mesurait 1 m. 55 of taille et pessait 54 kilogrammes [a half black creature (he referred to as an African woman), half guenon that would have an age between nine and ten years, 1.55 m in height, and 54 kg in weight]" (Bourdelle, 1929: 252). The author indicates that the creature was property of M. W. A. King of Brownville, Texas; and considering the locality of Kivu (Wolfheim, 1983: 715-716), that it must have been a chimpanzee (*Pan trogodytes*). It is curious that the height and weight measurements were almost identical to those described for the *Ameranthropoides loysi*. G. Montandon also asserts that the *A. loysi* could be the result of hybridization between an indigenous woman and an *Ateles* (Montandon, 1929g: 192, see Discussion). Bourdelle (1929) ends his work accepting the existence of this American primate, but he suggests caution before any definitive classification can be made.

Prior to Bourdelle's comments (1929), French academic circles fully accepted the existence of such "ape." In a popular context, for example, on July 24th, the archaeologist Salomon Reinach wrote a letter to his famous French lover Liane de Pougy indicating his impressions of the new discovery, particularly on the authenticity of the photograph (Jacob and Reinach 1980: 82). Up to this point, all conjecture about the authenticity of *A. loysi* was published in France with the exception of de Loys' statements (1929a), and therefore remained within the intellectual domain of the francophone scientific community. The only information on the "discovery" published in another country, almost parallel with the French articles, was a note that appeared in July in Germany (Anonymous, 1929a), reviewing the main information that G. Montandon provided.

The first and very strong criticism against the taxonomic identity of this animal was published in August 1929 in the United Kingdom, in a note signed by Sir Arthur Keith, an influential member of the Royal Anthropological Institute of Great Britain and Ireland and the Royal Society. In the first three lines of his article, he qualifies the case as a hoax. Then he comments on the height of the primate based on the picture, concluding that it was a large spider monkey. Before this case, Sir A. Keith knew Montandon, since the latter consulted him on the Ainu skulls preserved in the Royal College of Surgeons at London (Montandon, 1929m: 271).

On August 2nd 1929, the discussion became public in Germany. There, Remane (1929a) announces that until that moment, the only record of a New World "ape" had been described from a North American fossil tooth, *Hesperopithecus haroldcoockii*, but that it was later identified as a boar tooth (Boule and Vallois, 1957; Lewin, 1987). Coincidentally, this other "ape" of the Americas was also popularly announced in the *Illustrated London News* (Elliot-Smith, 1922), as happened with the *Ameranthropoides* (de Loys, 1929a). Remane (1929a) summarizes what Montandon, de Loys, and Joleaud previously published. In a second note, this author reexamines the works of Montandon (1929c, 1929f, 1929g) and Joleaud (1929), and concludes: "daß es sich hier klar nur einen Platirrihinen ohne jede Beziehung zu den Anthropoiden handeln kann [So that, we have here is just a platyrrhine, incomparable with any reference to an ape]" (Remane, 1929b: 215). Later, on August 30th, Stephanie Oppenheim (1929: 689), a German physical anthropologist, publishes a note where she graphically compares the corporal proportions of *Cebus libidinosus*, *Ameranthropoides loysi*, *Ateles hybridus*, and *Pan troglodytes*. She argues that *A. loysi* may only be a new primate, contrary to the conclusion of A. Remane (1929b), author with whom she had published a work on primate morphology (Oppenheim *et al.*, 1927). Later on, Montandon (1930a: 445) uses Oppenheim's comparative graph (1929) in his discussion to defend the validity of *A. loysi*. Using Oppenheim (1929), Montandon adds to this graph the body proportion comparisons among *Ameranthropoides*, a chimpanzee, and an African man (Fig. 9).

Curiously, Remane's second paper (1929b) was not listed Bayle & Montandon's (1929) review about the publications of *A. loysi*. These authors should have known about the existence of this note because it was cited in Oppenheim (1929), which was included in their review. This suggests that they deliberaly made the omission. Montandon (1929g) wrote his most extensive work on the *A. loysi* for the *Journal de la Société des Américanistes*, which the Society considered in the session of April 9th, 1929 (Capitan, 1929: 267). This article version also provides measurement tables comparing *A. loysi* with New World primates and true apes.

Two anonymous reviews were written in Great Britain on Montandon's papers (Anonymous, 1929b, 1929c). It is possible that the reviewers were anonymous, either because they were not in agreement with Sir Arthur Keith's position or simply because in the magazine in which they appeared (*Nature*), anonymous essays were widespread at that time. Both notes basically outline the works of Montandon (1929c, 1929g) and Joleaud (1929). In the archives of the journal *Nature*, it appears that Sir J. Ritchie wrote the first article (Anonymous, 1929c), while E. N. Fallaize wrote the second (Anonymous 1929c). None of them was specialist and they were probably devoted only to editorials tasks (Lincoln, 2000: pers. comm.).

On the other hand, Francis Ashley Montagu, then curator of anthropology at the Wellcome Institute of History in London, contacted F. de Loys who provided him a reproduction of the original photograph (Fig. 4) for a meticulous examination. Then, he prepared a work that was published in September 1929 in the popular American magazine *The Scientific Monthly* and not in a more formal journal. There he identifies himself as a representative of the Royal Anthropological Institute (RAI), which may not have been true, since his name does not appear in the membership list of that year. Dr. Montagu agrees that the *Ameranthropoides* seemed a member of the genus *Ateles*, but he does not completely discard de Loys' testimony; and advises evaluating the evidence with caution before emitting a definitive opinion.

On February 10th 1929, Montagu submitted a manuscript on human evolution and the tarsids to be published in the *Journal of the Royal Anthropological Institute of Great Britain and Ireland*. This was the scientific magazine of the RAI. A. Keith read this work on March 13th, but in the book of minutes of the Council of the Royal Anthropological Institute -in which Montagu is not listed as a member- it can be read that on May 28th 1929 "it was resolved to suspend publication of Dr. Montagu's paper until further consideration" (RAI, Council Minutes, 1922-43). This journal finally published this work in late 1930 (Montangu, 1930). Montangu's article on the American "ape" was written in those days apparently with the intention to be published in a well-established journal such as *Journal of the Royal Anthro-*

pological Institute. Thus, it is possible to speculate that after the RAI decision to delay publishing the note on the tarsid-human evolution hypothesis, the author decided to publish his report on the *Ameranthropoides* in another magazine. This raises some questions about the participation of the open-minded Montagu in the conservative British anthropological community of that time. Possibly the young Montagu was unhappy belonging to an institute politically and intellectually dominated by personalities associated with the British anthropological establishment, such as A. Keith. In England the only individual receptive to the position that the *Ameranthropoides* was possibly an "ape" was Montagu. In addition, as indicated above, in this country he also tried to reinitiate the discussion on the rejected tarsioid theory of human evolution. Paradoxically, this idea also caused the departure of F. Wood-Jones to Australia where he studied marsupials and wrote *Man's Place Among the Mammals*, published in London in 1929 (Wood-Jones, 1929; Cartmill, 1982). In 1930, Montangu immigrated to the United States. By 1931, Sir A. Keith retook his ideas of "racial antagonism" that promulgated anti-Semitic ideologies that he first proposed in 1916 (Barkan, 1996: 286; Wolpoff and Caspari, 1997: 146-147). F. Montagu, one of his most outstanding disciples, did not share these racist ideas. In fact, from very early on he assumed an openly anti-racist position (e.g. Montagu, 1942).

In November 1929, F. de Loys published a second article in an American popular magazine (de Loys 1929b). This paper refers to an idyllic adventure story in the Venezuelan forests and the "discovery" of the supposed ape. It also includes Montandon's ideas of human hologenesis. This is a rare article that was only cited later in the first edition of the book *Walker's Mammals of the World* (Walker, 1964). The year 1929 closed with increased popularization of the "discovery" in the Spanish-speaking media. Rioja (1929) presented Montandon (1929a, 1929c) and Jouleaud's (1929) information to the Real

Sociedad Española de Historia Natural. Bayle and Montandon (1929: 412) published a note about an 18th Century Hispanic chronicle written by Friar José Rivero, where he asserted the existence of great sized "apes" in South America. This note includes an up-to-date chronological bibliography on the debate (Bayle and Montandon 1929).

The *Ameranthropoides loysi* Controversy Goes Out of Europe

Soon after 1929, G. Montandon attempts to provide a more careful study, more focused on a zoological than an anthropological perspective (Montandon, 1930a). He published a new article in a more specialized Italian journal whose editors were Daniele Rosa's disciples. Here, Montandon photographically compares the posture of *A. loysi* with that of two *Ateles* species and a photograph of the curator of the Muséum national d'Histoire naturelle, M. Ferteux (Fig. 10). All of the articles that Montandon published in 1929 highlight the importance of the *Ameranthropoides loysi* as an anthropological subject. However, in his 1930 article Montandon uses *A. loysi* as an example to support hologenesis. He employs Rosa's theoretical framework, and stresses the importance of hologenesis as an alternative evolutionary notion. On February 19th 1930, G. Montandon offered a communication at the session of the Institut Français de Anthropologie directed by P. Lester (1930), former secretary of this Institute. There, he physically compared the *Ameranthropoides loysi* with the *Ateles* of Bartlett of the Musée national d'Historie naturelle in Paris. The Swiss doctor insisted that the size of the supposed ape, the number of teeth, and the tail absence were diagnostic of the species. He concluded that the *Ameranthropoides loysi* was equivalent in the New World to the apes of the Old World (Montandon,

1930b). Up to this moment, the French anthropological community generally was convinced of the veracity of the case. Also in 1930, the *Journal of Mammalogy* published a couple of citations about this controversy (Keith, 1929; Oppenheim, 1929) in its "Recent literature" section (Anonymous, 1930).

Later on, the well-known Spanish-Argentinean theriologist Ángel Cabrera (1930), who was an authority in Neotropical fauna in general, and primatology in particular (Cabrera, 1900), wrote the first and well supported critical paper from South America on the supposed ape, based on Montandon (1929a, 1929g) and Joleaud's (1929) articles. In the December 7th 1929 session of the Sociedad Argentina de Historia Natural, he pointed out the great similarity of the "ape" with the representatives of the genus *Ateles*. He suggested taking with great caution the zoological information of travelers, as was the case of François de Loys, unless they were familiar with zoological research. He was not surprised that the Swiss geologist "no le fotografiase de perfil, para demostrar un carácter tan interesante en un mono americano [did not photograph it in profile, to show such an interesting feature for an American monkey]," as the tail absence, and referring to its large size, the geologist did not use a rifle or a hat as scales (Cabrera, 1930: 206). He said that "Todos los caracteres antropoideos que el doctor Montandon cree ver en esta fotografía, existen en cualquier otro mono americano del mismo grupo, no habiendo razón que justifique las comparaciones con los antropomorfos, hechas, al parecer, con el deliberado propósito de apoyar una teoría preconcebida. Pero lo que hace más sospechoso los conocimientos zoológicos de éste (G. Montandon), es la naturalidad con que admite como posible la unión fértil entre los monos platirrinos y el hombre, « entre une indienne par exemple et un átele » declarando que habría considerado al primate en cuestión como el producto híbrido de este monstruoso ayuntamiento a no mediar el hecho de que fueron dos los encontrados por el doctor Loys" [All anthropoid characteristics that doctor Montandon believes to see in the photograph, existed in many other American monkeys of the same group, there is no reason that justifies the comparisons with the apes. What I am also extremely suspicious of is Montandon's zoological knowledge for suggesting that this species represented the fertile union between platyrrhine monkeys and humans, «between an indigenous woman, for example, and an *Ateles*». He (Montandon) said that the primate in question is a hybrid product of this 'monstrous coupling', not considering the fact that they were two (female and male), the ones found by doctor Loys]" (Cabrera, 1930: 207). This last citation comes from Montandon's article published in the *Journal of the Société des Américanistes* (1929g: 192). At that moment, Á. Cabrera's zoological observation did not consider the political implications of the idea of species hybridization.

Cabrera (1930: 208) argued that even if F. de Loys' information is correct, there was not sufficient evidence to split *A. loysi* from the ateline group. A lack of an external tail could be a "carácter genérico [generic characteristic]" similar to "*Macaca*, sin cola, pertenece a la misma subfamilia que *Silenus*, con cola, y aun para muchos autores ambos géneros son uno sólo; y más todavía, en el mismo género *Silenus* hay especies con cola rudimentaria (*fuscatus*) o mediana (*nemestrinus*), y especies que la tienen muy larga como (*irus*) [*Macaca*, without tail, that belongs to the same subfamily that *Silenus*, with tail, and even for many authors both genus are only one, including a species with a rudimentary tail (*fuscatus*) or half-tail (*nemestrimus*), and a species with very long tail (*irus*)]." A similar explanation could explain the dental formula. Cabrera states that "suponiendo que esto no fuese un carácter de edad, como ya el propio Montandon se aventura a sospechar, desde el momento en que conocemos un Hapálido (*Callimico*) con treinta y seis dientes en lugar de treinta y dos, nada tendría de extraordinario que hubiera un cébido con treinta y dos en vez de treinta y seis [supposing that this was not an age characteristic, that even Montandon ventures to suspect, from the moment that we know a Hapalid (*Callimico*) with thirty six teeth instead of thirty two, it would not be extraordinary to find a cebid with thirty two teeth instead of thirty six]" (Cabrera, 1930: 208).

So the theriologist Cabrera, with his expertise in Neotropical mammals, dares to say "que el autor (G. Montandon) parece no estar muy familiarizado, ni con los primates, ni con la zoología general [that the author (G. Montandon)… seems unfamiliarized with primates and with general zoology]" (Cabrera, 1930: 207). In addition to the concept of hybridization, Cabrera found curious the footnote the Swiss doctor wrote, referring to the absence of bears in the forest of the Tarra River of the Perijá region (Montandon, 1929g). In this footnote Montandon states: "The forêt south-américaine n'a pas d'ours. En utilisant ce terme, le chasseur veut exprimer l'impression ressentie au premier abord. Par ailleurs, on appelle ours, en Amérique du Sud, le grand fourmilier [The South American forest does not have bears. Using this term (bears), the hunter wants to express the impression perceived at first glance. On the other hand the name bear in South America is sometimes used to describe the great anteater]." *Tamandua mexicana* is the only anteater known today in the Perijá and the Tarra region (Linares, 1998). It is an Edentata and not a carnivore (Ursidae). Cabrera (1930) also indicates that for the region of the Tarra, and southern Sierra of Perijá, Osgood (1912) recorded spectacle bears (*Tremarctos ornatus*). Recently, during a speleological expedition in the Sierra of Perijá by the Venezuelan Society of Speleology -of which the authors of this book are active members- a spectacle bear was observed at short distance, totally unhabituated to humans, so that it did not escape their presence (Viloria *et al.*, 1997). Cabrera also points out that the name *Ameranthropoides* is a valid name as

Montandon first described, but *Amer-anthropoides* as it was originally written by this author, in a context of the general vertebrate fauna, is technically not very clear, since it provides the "idea of likeness" with the bird genus, *Anthropoides* (Cabrera, 1930: 207). This bird is an Old World crane that includes *Anthropoides virgo* and *Anthropoides paradisea* (Bosque, 2000: pers. comm.).

Finally, Ángel Cabrera admitted that the primate in question should be a new species or at most a new genus of New World monkeys, but categorically he noticed the necessity to avoid making relationships between this "discovery" and any speculation concerning human origins in the Americas. He finishes the article criticizing Jouleaud (1929) saying that although "ya hace tiempo que diversos especialistas han llamado la atención sobre las semejanzas de los grandes cébidos, y sobre todo los atelinos, ofrecen con los antropomorfos, pudiendo ser en cierto modo considerados como sus mimotipos en el Nuevo Mundo: pero estas semejanzas, resultantes de una convergencia adaptativa, no justifica que se asigne a *Ameranthropoides*, entre los platirrinos, la misma categoría que *Pithecanthropus* ocupa entre los catarrinos [for some time now many specialists have described similarities among the large cebids, mainly the atelines, and the apes, being able to be in certain way considered as their mimotypes in the New World. These likenesses are the result of an adaptive convergence and, they do not justify assigning *Ameranthropoides*, among the platyrrhines, to the same category that *Pithecanthropus* occupied among the catarrhines]" (Cabrera, 1930: 209).

During the decade of the 1930s, the case was progressively forgotten. F. de Loys died in 1935, and only a few publications mentioned the controversial story. In 1930, the German anthropologist Hans Weinert (1930) wrote about the principal statements that de Loys and Montandon gave regarding the controversy. He said that considering the large size of the de

Loys "ape," and that it seems to be a large *Ateles* sp., it might be named *Megalateles* (Table 2). The Brazilian-Italian zoologist Cesar Sartori (1931, Appendix C) wrote an article based on both de Loys (1929) and Montandon's (1929g, 1930a) works and his own ideas. It highlights the contents of two letters sent to him by the Italian zoologist Giuseppe Colosi, naturalist, professor, and follower of D. Rosa (Colosi 1945) at the Università di Napoli, and another letter by G. Montandon. In the first letter, dated June 18th 1929, the Italian zoologist finds interesting the existence of this primate. He states that although it may be an ape, it should not to be related to humans. In the second letter, of January 25th 1930, Colosi comments that it is not an ape of the same human "phylum." He also pointed out that considering the principle of morphological parallelism, -just as in Old World catarrhrines and apes-, there could be parallel development of platyrrhines and "ape forms" in the New World (Sartori, 1931). In his letter to Sartori, Montandon admitted a problem with assigning the taxon *Ameranthopoides loysi* to the de Loys' finding, indicating that it should be named *Megalateles*, apparently accepting Weinert's (1930) idea.

In a self-defined "esoteric philosophy" journal, Ryan (1930) provides a critique from a creationist point of view against the potential implications of the *Ameranthropoides* on the origins of the "American Man." In the obituary of the French academician Louis Capitan, Peabody (1930) indicates that he had already previously suggested that Paleolithic material would be found in the American continent and noted the possible implications that the *Ameranthropoides* would have to sustain the argument of independent evolution in this continent. Anonymous (1930a), in a well-known encyclopedia of Hispanic audience, already suggested that the *Ameranthropoides* was a platyrrhine. Anonymous (1930b, 1932) provided the main information on the "discovery" of the supposed ape.

Roger Courteville, French engineer and explorer known as one of the first persons to cross South America in automobile in 1926, added his opinions to the case. He wrote on the history of another "ape" discovery in the area between Colombia and Venezuela by the Canadian traveler Hartley Gordon (Courteville, 1931). He also used a caricature of the "ape" after the *A. loysi* photograph as a supposed "pithécanthrope [pithecathropid]" in America (Courteville, 1931, Fig. 11). The Courteville (1931) story so emulated Montandon's essay (1929g: 186) and the supposed Mayan archeological record and Hispanic chronicles used by Montandon to support his ideas (Montandon 1929g: 194-195), that Montandon claimed that Courteville (1931) plagiarized this previous works (Montandon, 1931b). In 1945, Olga Paviot de Barle (1945) continued the Courteville story, linking the de Loys "ape" with a supposed "pithecanthropus" of the New World. She included in her manuscript a retouched photograph of *A. loysi* in a hilarious pose moving through a forest and with illustrations of the imaginary Courteville pithecanthropoids (Fig. 12). Later on, Courteville (1951a, 1951b) rewrote the story of the "ape discovery" attending to Montandon's comments (1931b), changing also the photograph and using the Paviet de Barle's depiction of *A. loysi* (Fig. 11). In an unpublished manuscript, Courteville (1954) reveals his thoughts behind the case. He challenges Darwin's ideas and suggested the possibility of a pithecanthropid in the New World as the result of a fertile union between monkeys and Amerindians (Courteville, 1954), just as G. Montandon had suggested. Gini (1954) highlights this "evolutionary point" in his review of Courteville's article (1951a). Heuvelmans (1951) indirectly accepts Courteville's (1951b) suggestions concerning the *A. loysi* and a possible "ape-man" in the New World.

In the Soviet Union, the discussion permeated the Moscow Museum of Anthropology during the 1930s. Two authors prevailed in that discussion, Mikhail Nestourkh (1932) and M. A. Gremiatsky (1933), who emphasized the implications of the Montandon's hologenesis ideas in the development of anthropological thought. Nestourkh was particularly interested in primatological and paleoanthropological topics such as nipple supernumerary in monkeys and new hominids in Africa (Nestourkh, 1936a, 1936b). He wrote on the cases of the *A. loysi* and the alleged Sumatran ape, orang-pendek (Nestourkh, 1932). In this paper, he compares a retouched photograph of the de Loys "ape" with a *Semnopithecus thomasi*, outlining its similarities (Fig. 13). In addition, he includes a graph of the position of the *Ameranthropoides* as subspecies of the "large Amerindian race" within the human evolutionary lineage (Fig. 14). As in Honoré (1929), the sexual organ was also retouched probably as a result of Soviet academic censorship. These papers were published in the most important Russian anthropological journal of that time, the *Antropologischeskii Zhurnal*. In 1932, Nestourkh pointed out that the *Ameranthropoides* was an invention and error of the "bourgeois science," and declared Montandon's hologenesis theory as inadmissible and mechanicist (Nestourkh, 1960).

In 1931, Earnest Albert Hooton (1931) wrote on *Ameranthropoides loysi* in the book *Up from the Ape*, reviewing the works of Honoré (1929), de Loys (1929a), Montandon (1929c), and Joleaud (1929). Here he provides information on the characteristics of the supposed ape, indicating doubt that the specimen was lost in the expedition and questioning the lack of scale in the picture. He reserved his opinion until more information was gathered before including it in the ape family. In a revised edition of this book (Hooton, 1947), apart from the information provided in the first edition, he referenced reports on the existence of large spider monkeys in the border area between Venezuela and Colombia (Hooton, 1947: 21). He mentions that the American geologist A. James Durlacher hunted a large *Ateles* in the Tarra River region. Durlacher also provide ethnographic information to the archives of the Explorers Club in New York (Anonymous 1934-1935: 10). In 1936, the American geologist published an article about his travels in Costa Rica, including a picture of a spider monkey holding an egg (Fig. 15). The following caption accompanies the picture: "This giant monkey, from the Tarra River area, was once rumored a new American ape. It was thought to be to new species. Durlacher is going to bag a second one and settle the question" (Durlacher, 1936: plate). This note and the picture appear completely out of context, with no reference to the Tarra region. The paper refers to an expedition to the Nicoya region in Costa Rica, Central America. In 1936, Edward Boulenger, who was director of the Botanical Garden of London, mentions Hooton's (1931) idea, and points out the de Loys story in a few lines. He notes that the nearest thing to this "intimidating monster" (*A. loysi*) without a tail would be the uacari, genus *Cacajao* (Boulenger, 1936: 169). In 1939, Frank W. Lane states that the well-known zoologist Raymond L. Ditmars mentions that an explorer told him of his conviction of the existence of a great ape in South America. He seemed to refer either to F. de Loys or A. J. Durlacher (Lane, 1939). The Brazilian academician Aníbal Mattos (1941) indicates the "presence" of the *Ameranthropoides* along the Tarra River forest.

Between 1931 and 1932, Nello Beccari, Italian entomologist and anatomist from the Instituto de Anatomia Comparata at the Università di Firenze, carried out what none of the previously mentioned authors were determined to do, a field search of the animal in South America (Beccari, 1932). Beccari traveled to Guyana interested in the anatomical study of New World primates and particularly of *A. loysi*. He could have selected this country partially for his knowledge of previous works that expressed the existence of a "large primate" in the area, such as Reclus (1894) and Schomburgk (1841) reports, and for his particular interest in solving the controversy around *Ameranthropoides loysi*. Although he did not find physical proof of the animal, Beccari returned to Italy convinced of its existence. His considerations appear in an extensive work of more than one hundred pages that stands out for his deep knowledge of the primate neuroanatomy and for his determination to make the *Ameranthropoides* a reality. This work, published in 1943, includes a hypothetical drawing of the external anatomy of the brain of the *A. loysi* (Fig. 16), a speculation that only a daring mind of an expert anatomist could have provided by comparing the brains of *Cebus capucinus* and *Ateles geoffroyi*. In addition, he also includes a photographic comparison of *Ateles paniscus* in a similar position to that of the supposed ape (Beccari, 1943; Fig. 17). It is curious that he admits not finding a clear difference in the face. This work was presented at the Palazzo Nonfinito (Florence) in the Società Italiana d'Antropologia e Etnologia meeting held on March 30th 1943 (Anonymous, 1943). Here, Professor Giuseppe Genna, president of this Society and director of the journal where Beccari's long paper was published (Anonymous, 1943; Società Italiana d'Antropologia e Etnologia, 1943), exalted the importance of Beccari's (1943) work for the understanding of platyrrhine cerebral morphology.

Hooton (1942) notes that the geologist A. J. Durlacher told him that while he was working in 1927 with an oil company in the Oro River region (west of Tarra), he met with some members of F. de Loys' party who communicated that the specimen de Loys obtained was a "marimonda" (local name for the spider monkeys). Hooton (1942) also points out that he received a letter from another engineer named Prior, of London, Ontario, who worked in the region during 1910. This engineer reported seeing a large size primate at that time. On January 1st 1934, A. J. Durlacher sent E. A. Hooton a postcard with a picture of a primate with an egg in its hand as scale (Fig. 15), indicating that it is a "marimonda" utilized as food in the area, and that "[i]t measures 3 feet 6 inches high and weights 72 pounds" (Hooton, 1942: 270). With this description, Harold J. Coolidge wrote to Durlacher asking that a specimen be sent to the museum at Harvard. In 1936, A. J. Durlacher replied that it had been impossible to find the specimen. He indicates that he saw the notes and drawings of a Captain Deming, with another large spider monkey of 65 pounds. The weights previously given seem to be extreme -exaggerated or erroneous- since the average for a wild *Ateles belzebuth* (*hybridus*) is 8.32 kg (18.34 pounds) (Ford and Davis, 1992: 437). Later, on July 6th 1946, E. A. Hooton received a letter from Caracas, Venezuela, written by another American saying that A. J. Durlacher took the picture as a joke while he was in a geological camp of the Shell Oil Company in the Tarra River, and that he had used an egg of a small wild hen (cf. *Crypturellus* spp.), which is smaller than a domestic hen. He indicates that when preparing the postcard with the picture, J. Durlacher "told everyone about the good one he was putting over on the folks in the States" (Hooton, 1942: 270). Given this information, A. E. Hooton revised all the correspondence on this matter, finding no appearances of falsehood in the writings, and he left open the possible existence of a large sized spider monkey in the Tarra region (Hooton 1942). This author included in his book the picture that Durlacher sent of the marimonda (*Ateles belzebuth*) (Fig. 15). The year 1942 ended with some poetic lines dedicated to the *Ameranthropoides* entitled *Qui peint l'homme et le singe* written by the famous French poet Paul Valéry (1942: 119).

In 1944, the same year of G. Montandon's alleged death, Kellogg and Goldman formally equate *A. loysi* to a spider monkey that inhabits the Perijá Mountains and Lake Maracaibo basin (Kellogg and Goldman, 1944). These authors note that "The absurdity of the conclusions reached by Montandon is pointed out in detail by Cabrera," so the photographed primate is unquestionably an *Ateles*, which presents the distinctive white mark stain in the forehead (Kellogg and Goldman, 1944: 27). After the revision of *Ateles belzebuth hybridus* specimens coming from the town of San Calisto, department of Santander, Colombia, located at the high basin of the Tarra River, they conclude that the *A. loysi* is a spider monkey.

By the 1940s, Philip Hershkovitz, American theriologist of the Field Museum of Natural History (Chicago), along with Friar Nicéforo María, surveyed the region of the Colombian Tarra River (which is the upstream section of the same Venezuelan Tarra River), and obtained one male specimen of spider monkey (*Ateles hybridus*) in the locality of Petrolea in northern Santander. This specimen is deposited in the museum under the tag number 70757 [6566], and dated August 4th 1949 (Urbani, pers. obs.). No other spider monkey was shot down and/or registered from this primate collection. Equally, Hershkovitz accepted the synonym approach of Kellogg and Goldman (Hershkovitz, 1949, 1960).

In 1945, Gilberto Antolínez, a Venezuelan ethnologist, for the first time mentions in Venezuela the case of *Ameranthropoides loysi*, indicating that the alleged ape-man of the Venezuelan folklore must be a spectacle bear (*Tremarctus ornatus*). He was referring to *El Salvaje* [The Savage]," a tale of a supposed wild man popular all over the country. Antolínez (1945: 111) textually states that "(el simio) de Montandon, [habita] en las espesas selvas del Río Tarra, en la Sierra de Perijá, cerca del Lago de Maracaibo, *habitat* también del Oso Salvaje. Se quiere derivar de tal modo al indio americano. Los datos son escasos e inseguros, y toda la hipótesis que quiere construirse sobre este hallazgo peca de aventurada [the alleged ape of Montandon, (inhabits) the thick forest of the Tarra River, in the Perijá Mountains, near Lake Maracaibo, which also is the *habitat* of the spectacle bear. But the data are limited, and the whole hypothesis that (Montandon) wants to build on the origin of Amerindians is quite erroneous]". He also emphasizes the local social construction of what he named "semi-humans" like *El Salvaje* (Antolínez, 1945: 111). Regrettably, this work neither reached international audience nor had any national impact.

Ending the decade of the 1940s, Joleaud & Alimen (1945) briefly mention the history of the *Ameranthropoides*. Urbain and Rode (1946) suggest that a final opinion should wait until more conclusive facts are presented, including a "serious scientific study" (Urbain and Rode, 1946: 36). It is important to highlight that P. I. Rode was an authority on African primates and A. Urbain had participated in African expeditions in search of gorillas (Rode, 1937; Urbain, 1940). The author of adventure books William Seabrook (1947) wrote about supposed apes kidnapping women, and included a photograph and the story of the de Loys ape. In a major bibliographic journal of Latin American anthropology, Dahlgren (1946) lists Beccari's work (1943) in his extensive bibliographic review. In 1947, Beccari's work (1943) was referenced in one of the main Italian bibliographical journals (BNCF, 1947). Finally, Ley (1948: 101) cites the history of François de Loys, without presenting any additional opinion.

The Case in the Second Half of the 20TH Century

By mid 20th Century, the controversy continues. Julian Steward's *Handbook of South American Indians* contains, by 1950, a reference to the *Ameranthropoides* as a spider monkey (Gilmore, 1950). In France, Léon Bertin (1950), professor at the Muséum national d'Histoire naturelle, indicates that the photograph is not sufficient evidence to describe a new primate, suggesting that the *A. loysi* was an *Ateles* spp. German mammalogist Ingo Krumbiegel makes a similar evaluation (1950). In the seminal book *Anatomia comparata dei vertebrati*, Beccari (1951) maintains his previous opinion that *Ameranthropoides* is a New World "ape." In September 1951, a letter from Rio of Janeiro reached the editor of the *Natural History* magazine of the American Museum of Natural History of New York. The author was a Brazilian reader named I. Camara who said that some years ago he read of an alleged ape discovered in Venezuela, so he asked for information about it. The person who answered was G. H. H. Tate, an expert on Venezuelan mammals and member of the section of mammals at this museum, who visited Venezuela and collected primates in the Duida region in the southern part of this country (Tate, 1939). He describes the events of de Loys, Montandon, Keith, and Montagu, concluding the non-existence of that "ape" (Tate, 1951). Later in Brazil, Mattos (1950) published the *A. loysi* photograph and highlighted G. Montandon and Joleaud's (1929) news. He indicates its similarity with *Ateles* spp. and *Brachyteles* spp.; however, he maintains that the *Ameranthropoides* might exist.

In France, E. G. Boulenger's book (1952) appeared discussing the work of A. E. Hooton and mentioning that the large-sized monkey of the Venezuelan-Colombian forest seemed to be a uacari (*Cacajao* spp.). Also in this year, Dewisme (1952) summarized the controversy's history, and supported the possible existence of such "ape." In 1954, Maurice Mathis (1954), member of the Institute Pasteur of Tunisia, site of a *"singerie"* (enclosure for primates) during the first half of the century (Haraway, 1989), wrote about the issues of F. de Loys and G. Montandon. He points out that M. Cintrat, a photographer at the Muséum national d'historie Naturelle in Paris, examined the picture of the alleged ape and rejected the possibility of a photographic trick, and that the animal was located at a distance of 3.5 m from the camera. Then, the primate's height was estimated between 1.5 and 1.6 m. Finally, Mathis (1954) made a chart of the Primate order where *Ameranthropoides* was not included. F. Volkmann (1954) and Fromentin (1954) finished this year dedicating a few words to the case, indicating after the photograph of the *A. loysi*, the existence of "hermaphrodistism in apes."

In 1955 and 1956, two books were published dealing with fantastic zoology, and disclosing to the general public the story of the controversial *Ameranthropoides* (Heuvelmans, 1955; Wendt, 1956). Bernard Heuvelmans redounded in explaining the controversy, giving importance to a comparison of the cranial capacity between hominids and apes, and the potential existence of such an "ape" considering the Courteville and de Loys stories (Heuvelmans, 1952). Finally he states that his colleague Charles H. Dewisme carried out an expedition to Colombia, where he found supposedly evidence of the existence of the *A. loysi*. Deswisme was planning to look for the "ape" in the Colombian side of the Perijá Mountain Range, following the recommendation of the Austrian-Colombian ethnologist Gerardo Reichel-Dolmatoff (Dewisme, 1954). Heuvelmans also was planning to go to the Tarra River basin in Venezuela in order to track the *A. loysi* (Hutt, 1959). For that purpose, he received logistical advice from members of the Exploration Department of the Shell Oil Company in Venezuela (Hutt, 1959). Thirty years later, and after reading the Heuvelmans' book, A. Montangu suggested that the photograph of the *A. loysi* was an *Ateles*, but that an unknown species probably remained at large in the Amazon River basin (Montangu, in Garnett, 1959).

Herbert Wendt (1956) presents novel information on the alleged ape, by relating the events of the conference that G. Montandon attended March 11th 1929 in the Academy of Sciences of Paris. He notes that it was a very heated event, and that F. de Loys was present. This information raises the question of whether de Loys was at this meeting. At this time he was supposedly in Iraq (see above). Moreover, Montandon's publication (Montandon, 1929g: 140) about the conference at the Academy of Science of Paris notes that the only member congratulated was himself, while the F. de Loys was not mentioned. E. Tejera, who also attended that conference, does not bring up de Loys despite the fact that he knew the geologist well from their time together in Perijá and Mene Grande (Tejera, 1962, Table 1, see final note of Appendix A). It is likely that de Loys was not present at the conference, and that H. Wendt (1956) is in error. H. Wendt began the chapter on *Ameranthropoides* by describing "The scandal of the false monkey," but finished highlighting that "The mountains of Perijá continue to have the secrets" (Wendt, 1956: 474), insinuating a contradictory interpretation. In the following years, new editions and translations of Heuvelmans and Wendt's works appeared, repeating the same story. In contrast, the French zoologist Pierre-Paul Grassé (1955) writes in his *Traité de Zoologie*, that the descriptive characteristics of *A. loysi* seem similar to that of *Ateles* spp. Maurice Burton (1957) superficially points out the well-known story of the supposed ape. Cabrera (1958) includes *Ameranthropoides* as one of the names given to the genus *Ateles*. In Venezuela, the journalist M. E. Páez (1959) writes about the case, and states that a French expedition was planned to search for the *A. loysi*. By the end of the decade, Comas (1959) indicates in his classic book that the *A. loysi* is not a well-documented case. In Slovak academic circles, a short review of the *Ameranthropoides* case is presented (Anonymous, 1959).

On April 19th 1960, Philip Hershkovitz again summarizes the facts of the controversy, indicating that in his own expedition to the region of the Tarra, he only found a great number of monkeys. For his collection, a large male spider monkey specimen was collected in the Tarra region (see above). He concludes that although the *Ameranthropoides* is far from being an ape, it was an extremely large spider monkey (Hershkovitz, 1960: 7). Ivan T. Sanderson, who wrote the popular primatological book *The Monkey Kingdom* (Sanderson, 1957) -which S. L. Washburn actually used for the first seminar taught on primate behavior in the United States (Haraway, 1989: 218, 407; Kinzey, 1997: xvi)- refers to the case of the *Ameranthropoides*. He ties it to oral Latin American tradition (Sanderson, 1961a, 161b, 1962, 1967) as Antolínez (1945) did, Sanderson has no doubt that the alleged ape is a hoax, that it is most likely a female *"A. beelzebub"* [sic] (Table 2). May (1960) provides the main points of the case without further interpretations.

W. C. Osman Hill (1962), prominent British primatologist, dedicates several pages of his exhaustive series on the comparative primate anatomy and taxonomy to the discussion about the identity of the animal, presenting doubts about its truthfulness. Although he decides not to present a definitive conclusion, he asserted that probably it is an *Ateles belzebuth hybridus* (Hill, 1962: 493). The same year, the Italian sociologist Corrado Gini (1962) was invited to a conference in Mexico, and from there he traveled to Caracas (Venezuela) to give a talk on the case of the *A. loysi*. There, he stated that the de Loys "ape" was significatively different from any of the spider monkeys that he had seen in a museum collection of Caracas. Arguing for the Beccari and Courteville histories and the supposed similar "ape statues" of Yucatan that he also observed in Mexico under the guidance of the Mexican ethnologist Alfredo Barrera Vásquez, Gini (1962) suggests the possible existence of such an "ape." However, he reserved final judgment until further evidence. The Spanish-Mexican physical anthropologist Juan Comas, qualifies it as an imaginary animal, "lacking of all scientific value" (Comas, 1962: 208, 1957, 1974). Pericot-García (1962) presented an abstract about the "discovery" of the *Ameranthropoides*. In 1962, a parallel discussion took place in Venezuela on this debate, expounding new information that will be discussed later on. Sempere (1963) enlists the *Ameranthropoides* case as one of the theories that supposedly explains human origins in the Americas, together with other hypotheses such as the *Homunculus* by the Argentinean paleontologist Florentino Ameghino, and the case of the "Nebraska Man." Comas (1963) presents the case of the *Ameranthropoides* as another suggestion to explain human origins in the New World, highlighting its impossibility. Siverberg (1967) describes the controversy emphasizing the discovery's potential implications, and summarizing the history of this case including the information of P. Hershkovitz and R. Courteville. Cohen (1967) portrays the debate as irresolute. Anonymous (1967) lists the case of the *Ameranthropoides* in the major Russian bibliographical journal.

Keel (1970) and Hitching (1978) repeat de Loys' narrative. A. B. Chiarelli (1972) considers the *Ameranthropoides loysi* an *Ateles belzebuth*. Heuvelmans and Porchnev (1974) write two lines on the case associating the *A. loysi* with alleged ape-men in the Americas. In Brazil, the history of an alleged "forest monster," or *Kube-Rop*, is published, including a comparison to the *A. loysi* photograph (Anonymous, 1970). Turrolla (1970) provides stories of supposed American apes in Guyana and Venezuela, including *A. loysi* and its possible existence. The German zoologist, D. Heinemann (1971) includes *A. loysi* in his primate list as an *Ateles*. Grumley (1974) provides the accounts of Turolla and de Loys. He notes that apart of *A. loysi* and alleged Brazilian apes, the other American "ape-men" are possibly truly men. In 1975, a cartoon of the "ape" appeared with the caption "The Missing Link?" in the publication *Ripley's Believe it or not!* (Anonymous, 1975). By the end of the 1970s, Szalay and Delson (1979) include the *Ameranthropoides* as one of the names given to the genus *Ateles*. Gantès (1979) mentions the potential bipedality of *A. loysi*. In 1980, H. Straka wrote about his unsuccessful search for *Ameranthropoides* based on his own experience of several years living in the Perijá Mountains (Straka, 1980). In a review about the history of American paleoanthropology, Boaz (1981) lists the *A. loysi* case, the *Hesperopithecus haroldcookii* misinterpretation, and the Ameguino's fossils as examples of failed attempts to explain human origins. Barloy (1979, 1985) and Welfare and Fairley (1980) again explain the story. The latter source was used for a TV documentary that Sir A. C. Clark presented on the Discovery Channel™ (see below). Barloy (1979, 1985) repeats the main points of the case and makes an allegorical illustration of the *A. loysi*. Cousins (1982) speculates on the taxonomic identity of the animal, and states that the very popular picture is only a bloated *Ateles* due the state of decomposition. Cousins (N/D) notes that the *A. loysi* looks like an *Ateles belzebuth hybridu*s, but end suggesting that a terrestrial primate may live in the South American forests. Gaylord-Simpson (1984) resumes the debate by citing B. Heuvelmans and indicating that the animal is an *Ateles belzebuth*. Phillips (1988) considers the de Loys story as a mysterious matter.

Heuvelmans (1986) does not mention *A. loysi* in his revised work, suggesting, given his previous publications, that he eventually abandoned the idea of such an ape. During the 1980s, B. Heuvelmans continued an intense epistolary exchange about supposed sightings of *A. loysi* with people from around the world and of backgrounds ranging from pseudo-scientists to recognized scientists. For example, a person from the Michigan Bigfoot Information Center wrote a letter, found in B. Heuvelmans' *Ameranthropoides* file, describing a "sasquatch encounter" in the village of San Megal [*sic*] on the Caroni River basin (King, 1980). And Gary Samuels, a well-known mycologist of the US Department of Agriculture described a potential encounter with an "ape" in the Berbice-Corentyne region of Guyana (Samuels 1990, Heuvelmans 1990).

Shoemaker (1991) re-examines the ideas of the main articles of 1929. He focuses on the issue of the wooden box used as a scale where the "ape" was seated, and equally tries to maintain support his arguments with the British chronicles of Keymis (1596) and Bancroft (1769). About this issue, Hall (1991) suggests that the key to the size of the specimen is a label in the box where *A. loysi* was photographed. This label is located just behind the primate's right foot. We carefully examined this label, and it provides no clues for scaling the monkey. Picasso (1992) replies to Shoemaker (1991) stating that considering Spanish chronicles, the supposed ape might be an exemplar of "subhumans or anomalous humans" that might live in South America. Miller and Miller (1991, 1992, 1998) recount the story of a tourist trip they took to southern Venezuela, where they encountered the tale of "El Salvaje," which they associated with *Ameranthropoides*. The Spanish writer Vicente Muñoz Puelles (1993) briefly mentions the case of the *Ameranthropides loysi*. Groves (1993) added the *Ameranthropoides* as a synonim of *Ateles*. Shuker (1991, 1993, 1995, 1996), Grant (1991, 1992), Clark (1993), Keel (1994), and Joly and Affre (1995) summarize the basic elements of the debate. During 1995 and 1996, the Discovery Channel™ presented a show directed by Sir Arthur C. Clark, author of more than a dozen celebrated science fiction books, pointing out the controversy from a sensationalist point of view. Also in this year, Nickell (1995) pointed out the basic aspects of the controversy including Montandon and Keith statements.

In 1996 and 1997, it was suggest for the first time that the *Ameranthropoides* was an instrument to justify the racist ideology behind G. Montandon's notion of hologenism (Coleman & Raynal, 1996; Coleman, 1997). Soon after Coleman

& Raynal's (1996) paper was published, two replies appeared. M. Shoemaker tries to rebut this idea with weak argumentation, indicating that Coleman and Raynal lacked "interest in cryptozoology" (Shoemaker, 1997: 144). A person with the pseudonym of Hax (1997) highlights Raynal & Coleman's omission about the nature and scale of the box, apparently a standard oil box, on which the specimen was seated. Raynal and Coleman (1997) respond providing more details on the idea given in their first note, particularly expanding on G. Montandon's racist ideology. McKenna & Bell (1997) place as synonims *Ateles* and *Ameranthropides*. Shuker (1991, 1997, 1998a, 1998b, 1998c) indicate the possible existence of another *A. loysi* photograph with two men to each side of the primate. An anonymous article (1997) published in a Spanish occultism magazine, briefly presents the story of de Loys. The essays presented in this paragraph are mostly characterized by their pseudoscientific tone.

Michael Seres (1997) of the Yerkes Primate Research Center, indirectly associates *Ameranthropoides loysi* with the Pleistocene fossil primates found in Brazil, *Protopithecus brasiliensis* Lund and *Caipora bambuiorum* Cartelle & Hartwig. Viloria (1997) publishes the photograph of the "ape." Coleman (1996) suggested a similar association based on information from an American paleoanthropologist. Shuker (2000) also links the *Ameranthropoides* with large Brazilian fossil primates. The Swiss anthropologists, Pierre Centlivres and Isabelle Girod (1998), develope the argument that G. Montandon's work served as a racist justification in the context of what they named the invention of the *Ameranthropoides*. Viloria *et al.* (1998, 1999a) highlight the situation that characterized the history, disclosing for the first time details of F. de Loys' biography, mainly on the chronology of the geologist in Venezuela and overseas. Olivieri (1999) reviews the last paper in a Swiss newspaper. Clark & Coleman (1999) analyze the case of the de Loys "ape" in their work. Viloria *et al.* (1999b) report the existence of novel and conclusive evidence, the letter of E. Tejera (1962; Appendix A).

Later on, Urbani *et al.* (2001) revisit Tejera's materials, particularly the letter of Tejera (1962), and building on the racist argument of G. Montandon. Morrone and Viloria (2001) review the work of Urbani *et al.* (2001), which is also reviewed in a primatological journal, *Neotropical Primates* (Anonymous, 2001). Chapman (2001) considers the case including Coleman & Raynal's (1996) arguments, and suggests possible implications of Montandon's ideas in the creation of such an "ape." Groves (2001) considers *A. loysi* an *Ateles hybridus*. Coleman (2001) and Weidensaul (2002) include the "ape" in their reviews.

Smith & Mangiacopra (2002) note that the "real" existence of this "ape" it would not only result in a new species of New World primate but also a new family. They establish this new family, the Mangiacopridae with the only genus *Ameranthropoides*, using rules contrary to the International Code of Zoological Nomenclature (ICZN). They fail to use a taxon previously assign to a species, *A. loysi*. Montandon (1929) had already established the family Ameranthropoidæ (Table 2). Moreover, they do not consider that the family must have the same root of at least one genus, particularly if it is monotypic (the only genus is *Ameranthropoides*). This work is a non-serious zoological description, lacking any scientific context. Even worse, the proposed family name is given after the name of the second author, also contradicting the ICZN.

Based on Coleman & Raynal (1996) and Urbani *et al.* (2001), Raynal (2002) concludes that the controversy is a hoax. By 2003, the discussion continued mainly on Internet, under a pseudoscientific perspective and supporting an alleged ape in Venezuela (Anonymous 2003a-o, 2004, 2005b; Cozort 2003; Ehret 2003; McConnel; Russell 2003). Only a few Internet documents disclosed the arguments of Coleman & Raynal (1996), Viloria *et al.* (1999b), and Urbani *et al.* (2001). Thus, information about this case as fraud is scarcely provided (Anonymous 2003r-t, 2005a-c). Groves (2005) places the *Ameranthropoides* as a synonym of the genus *Ateles*. Esciente (2005) offers a brief review with the major points regarding the case of the supposed ape. Within a cryptozoological context, Newton (2005) includes the *Ameranthropoides* in his encyclopedia. In 2007, Gremaud (2007) publishes a brief review of the debate. By June 2007, we found a total of 252 entries in Google™ after using the key word "Ameranthropoides loysi." The majority of the entries briefly mention the "ape" in a range of different languages from Turkish, Rumanian, Portuguese, Spanish, French, German, etc., to the most common in English. In addition, the *A. loysi* is already listed in the major free online encyclopedia (*Wikipedia*), and is the subject of some long works mostly reviewing the articles of G. Montandon, F. de Loys, E. Tejera, M. Raynal, Á. L. Viloria, and B. Urbani (Anonymous, 2007a-h; Gable, 2007; Ravalli, 2007). Zell-Ravenheart & Dekirk (2007) include a brief account of the controversy. The *Ameranthropoides* photograph appeared in a program of the Discovery Channel™ in 2007. During this sensacionalist documentary of a touristic trip to the Roraima plateau in southern Venezuela, D. Harrison suggests, after considering the writings of de Loys, Im Thurm and Arthur Conan Doyle (author of the roman *The Lost World* and *Sherlock Homes*), that an alleged ape named Dadao, Piamá or Didi (identified here as the de Loys "ape") may be supposedly living in the Cuyuni and Gran Sabana region in Venezuela. Shuker (2007) recounts the major events of the *Ameranthropoides* case, from possible associations with the Neotropical fossil primates to claiming of the potential existence of a second photograph of the supposed ape with two men. We suggest that this photograph might be the one of a hunted gorilla and two men that appeared in some zoological publications of the 1930s (e.g. Lozano-Rey, 1931), or Federico Medem's photograph of a hunted spider monkey published in Mittermeier (1987:133). In addition, Shuker (2007) indicates that Tejera's letter could be fundamental in understanding this controversy.

Venezuela, 1962: New Information and a Parallel Debate

On July 16th 1962, the daily newspaper *El Universal* from Caracas, Venezuela, published a telegram sent from the village of Casigua (Río Tarra), Zulia state, Venezuela. It was published in the *Brújula* section, directed by Caracas' official historian Guillermo José Schael. He states that a supposed giant spider strangled to death a man named Juancho, a ranch worker from the area of the Tibú River (a tributary of the Catatumbo River and near the Tarra River). The alleged large invertebrate escaped after being shot by workers. The same day Schael (1962a) mentions that this spider might be "un sobreviviente antediluviano [an antediluvian survivor]." One day later, a hunter, Jerónimo Martínez-Mendoza, wrote that after reading Montandon's (1929g) article, he believed the great spider was not a real spider but another specimen of the same "ape" that de Loys hunted. He finally suggests that "tarde o temprano otros ejemplares serán hallados [sooner or later other specimens will be found]" (Martínez-Mendoza, 1962a). This information brought the immediate reply of the Venezuelan medical doctor Enrique Tejera who gave a definitive statement, an information that had remained unknown in the international and Venezuelan communities, and that if known at that time, might have had saved many years of discussion.

As a reply to the previous notes in the Caracas newspapers, Enrique Tejera wrote a letter dated on July 18th 1962 (Tejera,

1962; Viloria *et al.*, 1999b; Appendix A; Fig.18) explaining that he knew François de Loys in the oil fields of the Zulia state. He also provides interesting information that can be summarized as follows: a) F. de Loys liked to conduct practical jokes; b) the Swiss geologist owned a monkey with an amputated tail that de Loys called his "hombre-mono [monkey-man];" c) during 1929, Tejera attended Montadon's conference in Paris announced in the French newspaper *Le Temps*; d) he discussed the identity (a "marimonda", *Ateles* spp.) and sex of the primate; e) he noted that the primate, de Loys' "monkey-man," died at the locality of Mene Grande; f) Tejera made several reflections on the general context of the main photograph (Fig. 4) including its later exhibition in the Musée de l'Homme in Paris (see also: Dewisme 1952); and g) Tejera acknowledged the "maldad [evilness]" of George Montandon. The Tejera (1992) letter was fully reprinted in Viloria *et al.* (1999b) and Urbani *et al.* (2001).

The day after the Tejera's note appeared, the same Venezuelan newspaper column published a note by a German lady named Charlotte Heyder, resident of Caracas. She stated that having read Wendt's book (1956), she sent him the letters of Martínez-Mendoza (1962) and Tejera (1962) in order to make corrections in future editions of this publication. Another note was an ironic narrative from a former student of G. Montandon, named Jean-Jaques Devand. He directed his words in his professor's defense, scorning Enrique Tejera. In that note he clarified that G. Montandon was not French but Swiss, contrary to what E. Tejera wrote in his letter. Moreover, he exhorted E. Tejera not to get involved in the internal political affairs of France, and declared that "el Tribunal de carácter revolucionario [the revolutionary character of the Tribunal]" that sentenced Montandon was guided by "comunistas [communists]," indicating that according to him "el fusilamiento político ha sido una mala costumbre gala [the political shooting has been a bad French habit]," having as examples the executions of Joan of Arc, Georges Claude and George Montandon (Devand, 1962).

The controversy continued. It had so much local impact that the director of this section was impressed by the wave of letters that arrived at the newspaper giving opinions on the case. He admitted that "Nunca llegamos a sospechar que una noticia de esta naturaleza pudiera haber despertado tanto revuelo [We never would have suspected that a news of this nature could have awakened so much commotion]" (Schael, 1962c). From a historiographical point of view, it is interesting to highlight a parody titled the "Araña-Mono [Monkey-Spider]" of Perijá (Anonymous, 1962), which was published in the Venezuelan humorous magazine at the time, *El Gallo Pelón* (this magazine used to describe the most important events that happened in Caracas during those days). Also, a note about monkeys by the well-known Venezuelan anthropologist Walter Dupouy (1962) was published. The controversy ended up with more than 25 letters published in this newspaper column, written by amateur arachnologist, hunters, academicians, people interested in monkeys and bears, and public in general (in a chronological order: Schael 1962a; Martínez-Mendoza, 1962a; Schael, 1962b; Tejera, 1962; Unda-Santi, 1962; Heyder, 1962; Martínez-Mendoza, 1962b; Flores-Virla, 1962; Peraza, 1962a; Schael, 1962c; Sancho, 1962; Dumois, 1962; de Bellard-Pietri, 1962; Schael, 1962d; Sarmiento, 1962; Martínez, 1962a; Devant, 1962; Schael, 1962e; Nolasco-Hernández, 1962; Peraza, 1962b; Martínez, 1962b; Brandes, 1962; Anzola, 1962; Dupouy, 1962; Schael, 1962f; Domínguez 1962).

Finally, the French writer Raymond Fiasson (1960) states that "Dr. Enrique Tejera, ancien ministre de l'Education nationale et savant fort distingué [.] de Loys avait tout simplement photographié un atèle mort tout près du camp. La démonstration, disait-il, en était faite par la présence d'un pied de bananier visible à l'arrière-plan de l'original. Le bananier a été introduit en Amérique et ne saurait pousser à l'état sauvage dans les forêts inexplorées du Haut-Tarra. [Dr. Enrique Tejera, former Minister of Nacional Education and distinguished academician [.] De Loys did nothing but photograph an Ateles that died along the field camp. This was demostrated, as he said, by a banana plant visible in the original photograph. The banana was introduced in the Americas, and cannot grow in the wild in the unexplored forest of the Upper Tarra]". As can be seen, Tejera gave this information to R. Fiasson at least two years before the release of the Tejera (1962) letter. Therefore, it seems to reaffirm the assertions of such letter (Appendix A; Fig.18).

4. Re-evaluating the case and disclosing the *Ameranthropoides loysi* fraud

One point of this work is to highlight that *Ameranthropoides loysi* was created as a "scientific tool" to justify a racist ideology. Indeed, in 1926 George Montandon (1926) openly declared himself anti-Jewish. The formation of his position, in which he "scientifically" justified the "Aryan supremacy," was common among many academic communities in several European countries during the first half of the 20th Century. An example of this were the writings of the German prehistorian Gustaf Kossina, who published his archaeological book *Die Herkunf der Germanen* in 1911, that stated a nationalist racist ideology (Trigger, 1989). In addition, the writings of the anthropologist Christoph Meiners and the philosopher Carl Gustav Carus, as well as popular books such as Hans Gunther's *Rassenkunden des deutschen Volkes*, included explicit anti-Semite and nationalist arguments that were accepted and became part of Nazi ideas (Proctor, 1988; Young, 1995). In the academic circles that studied primate taxonomy in the 19th Century, implicit racist content was evident in the writings of naturalists when confronting the need to classify humans among the Primates (Duvernay-Bowls, 1995). By the mid 19th Century, in France, writings such as *L'inegalité des races humaines* by Joseph Arthur Gobineau commonly appeared among humanists that developed racist conceptions (Chiarelli, 1995).

By 1918, G. Montandon worked on a craniometrical study of the Ainu of Japan. In his *"Table de composante raciales des peuples paléosibériens orientaux* [Chart of racial components of eastern paleosiberian peoples]," he highlighted the presence of what he named "composantes secondaires [secondary components]" where he includes the "sang amérindien et sang négroïde [Amerindian blood and Negro blood]" (Montandon, 1926a: 537). It seems that his later postures were a radicalization of this initial conception (see above: Montandon's biography). His arguments culminate in the position of a polygenist human origin, just as the German anatomist Hermann Klaatsch had previously suggested. Klaatsch's idea of human evolution was named the "pan-anthropoid origin of human races" in which supposedly orang-outang and Aurignac man, and gorillas and Neanderthals were co-descendents as explained by Wegner (1910) and criticized by Keith (1910, 1911) (Fig. 19). G. Montandon fully adopted this kind of ideas, which outlined that the origin of particular "human groups" started from specific apes (Ducros, 1997). He states that "Negres au Gorille, Blancs au Chimpanzé et les Jaunes au l'Orang-outang [the blacks are from the gorilla, the whites from the chimpanzee, and the yellows from the orang-outang]" (Montandon, 1933: 97, 1939b). Or as de Loys (1929b) indicates, after interpreting Montandon's ideas, the origin of the Africans can be traced to the gorilla and chimpazees, Asians to the orang-outang, so the "discovery" of the *Ameranthropoides loysi* "filled the gap" for the origin of the Amerindians [whereas the European arise from the archaic *Homo sapiens* as indicated by Coleman & Raynal (1996) after re-examining the data of this case]. The Venezuelan "ape" was the "final proof" he needed to support his theory of human hologenism (Montandon, 1928), written one year before his articles on *Ameranthropoides loysi* first appeared (Montandon, 1929a, 1929b, 1929c, 1929d, 1929f, 1929g). Montandon (1930a: 445) openly compared the chimpanzee and the African man with the *Ameranthropoides*, trying to graphically illustrate his view (Fig. 9). In this analysis, Montandon (1929g: 186) compared the thorax of the *Ameranthropoides* with that of a South African woman (Hottentot) with lymphatic disorders mentioned and photographed in the work *Lehrbuch der Anthropologie* by Rudolph Martin (1928), suggesting similarity between both.

Montandon (1929g: 192) points out in a footnote that "The presense d'un anthropoïde en Amérique soutient indirectement la théorie de l'ologénisme; ce faitabolit l'argument de la répartition des anthropoïdes à la périphérie de l'Ancie Monde [The presence of an anthropoid in America indirectly supports the theory of the hologenism; this fact refuted the argument of the distribution of apes in the periphery of the Old World]." In the same page he suggests the possibility that the *A. loysi* is hypothetically the hybridization between a human and a monkey, specifically between an indigenous woman and an *Ateles*. Under polygenetic theories with racist implications, the idea of hybridization was among the most accepted (Stepan, 1982). In this respect, Centlivres and Girot (1998: 40) indicate that the "fantasme raciste [racist ghost]" of Montandon resided in the natural vicinity between the natives and the non-human primates, which implicitly forced the first towards the second. This reductionist view is identical to one that we highlighted in Bourdelle's text (1929), where he compares the African woman and the guenon. Montandon presents *A. loysi* using a native woman for his "hybridization," and of practically identical sizes and weights as those noted in Bourdelle's hybridization account (1929, see above). E. Bourdelle obtained and wrote the African story before that of G. Montandon. This removes the possibility that the African tale was created from the hybridization idea that Montandon proposed. Rather, Montandon could have copied the African version to justify and support his ideas.

The evidence fails to indicate definitely that F. de Loys acted with racist motivation. Probably he intended to play a joke on a popular topic at that time, the nature of the human origins. It seems that the most suitable nation to direct that joke to was Great Britain, where the human origins discussion was in vogue since the "discovery" of the Piltdown Man (Spencer, 1990). It is also doubtful that F. de Loys actively supported G. Montandon's radical racist ideas. However, he may have aided in their orchestration as can be inferred from de Loys' article *To gap filled in the pedigree of Man?* (de Loys, 1929a; Fig. 8). There is some indirect evidence that de Loys was not a racist. For example, he posed affectionately in three different pictures with an Afro-Venezuelan child (Fig. 20). Moreover, de Loys may not have known about G. Montandon's declared anti-Semitism (Montandon, 1926b), since he was in Iraq when Montandon's ideas were published. Chapman (2001) makes a novel statement that may be linked to F. de Loys' possible non-racist motivation in this controversy. After reviewing G. Montandon's racist incentive in this case, he suggests that Montandon may have simply exaggerated F. de Loys' discovery of a probable large form of spider monkey (e.g. see Pittard, 1921) by transforming and oversizing it into an New World "ape" in order to justify his racist theory. Finally, it is probable that F. de Loys may have thought Montandon's ideas so "unbelievable" that he found them comical, not realizing their political implications. However, F. de Loys' eventual racist motives remain uncertain (but see the first part of de Loys [1929a], de Loys [1929b] statement [see below] and the evaluation of Montandon's human hologenesis ideas). In this order of ideas, it is important to indicate the high probability that G. Montandon met Eugène Pittard in 1919. In this year, Montandon (1919) published his work *La généalogie des instruments de musique et les cycles de civilisation...* as a volume of the *Archives suisses d'Anthropologie générale*, the Swiss anthropological publication that Pittard founded in 1914. Two years later, Pittard (1921) had already announced the encounter with F. de Loys' large primate. Perhaps E. Pittard was the link between G.

Montandon and F. de Loys. However, Montandon might have contacted F. de Loys in 1929, via E. Pittard, a fact that might discard the existence of a previous common agenda with racist motivation between G. Montandon and F. de Loys. In fact, at that time, in the same volume of the journal *L'Anthropologie*, the bulletin of the Institut Français de Anthropologie, both Pittard (1929) and Montandon (1929m) published two works about a topic of common interest: human craniology; the first about the !Kung and the second about the Ainu. And in fact, it is also the same volume of *L'Anthropologie* where G. Montandon published his papers about the human hologenism and the *Ameranthropoides* (Montandon G. 1929e, f).

From Enrique Tejera's statements it is clear that François de Loys had a joking character that was a previously unknown fact in this controversy. Some additional information could indirectly corroborate this assertion. In this sense, some names that de Loys used during the field parties in the Tarra River are evidence of his humorous manner. For example, he used the name "Raspa Culo [ass scratcher]" for a geological locality (de Loys, 1918: 21), and named his horse my "caballito" [little horse] (Archives Theodossiou-de Loys), that although common in the daily life in the field, it is in some sense also comical. The name that de Loys gave his pet monkey, the "hombre-mono" [monkey-man], may have had amusing overtones. Moreover, de Loys wrote his article about an idyllic adventure story in a South American forest in quite an exaggerated manner (1929b; Appendix B). In addition, he contradicts himself stating that a second primate suddenly escaped into the forest (de Loys, 1929a); while in his second version he notes that the monkey remained waiting at the killing site (de Loys, 1929b). Another interesting item is a picture in which François de Loys appears posing in the same curious and exact position and facial expresion of a Venezuelan girl (Fig. 21). This photograph is not consistent in style and protocol with photographs taken at that time, as Edwards (1992) and Macintyre and Mackenzie (1992) argue.

Two other points clearly point to a hoax. The first is the context in which the picture was taken. As it was indicated previously, de Loys (1929) states that they hunted the monkey in the thick forest of the Tarra River region. However, the picture was taken in a wide clearing near a river bank where there is a banana plant with an old cut and a young leaf re-growth, showing that it was an area of human cultivation (Fig. 4; see also E. Tejera in Fiasson [1960] and Tejera [1962]). Considering the possibility of seeing this plant in that region at that time, suggests that the location could have been: a) an indigenous "Motilón" -Barí ethnic group- community; or b) in an oil field. The first option is discarded since at that time the "Motilones" maintained hostile contact toward the oil fields. In fact, the "first peaceful contact" with lasting consequences with the Barí in the 20th Century was in 1960 (Lizarralde and Beckerman, 1986). Even de Loys (1918b: 2), when referring to the Tarra region, states that "the whole country in which the Tarra Anticline is located is covered with the thickest jungles. The region is absolutely uninhabited except by tribes of Motilon Indians. Though not very numerous, these savages sometimes attack the camps. It is hardly necessary to say, that there are no roads but the 'picas' (small trails), out to connect the geological camps to El Cubo." Barí settlements, as indicated in the ethnographic record, are usually located at elevations relatively far from rivers (Lizarralde, 1991; Urbani, pers. obs., Viloria, pers. obs.). Also "before contact [the 60s] the residential group would also sometimes break apart and disperse in order to avoid the white men's raids" (Lizarralde, 1991: 438). Therefore, the possibility that the photograph was taken in an oil field seems to be the most plausible, fitting with Tejera's testimony (1961): that the picture was taken in the town of Mene Grande, the largest camp of the Caribbean

Petroleum Co. This was also where de Loys' "monkey-man" died, as Tejera (1962) indicates.

If we now assume that the town where de Loys' primate died was in the oil field of Mene Grande, then the river in the background of the picture (Fig. 4) must be the Misoa or Motatán River, being of similar size to the Tarra River. The date was probably in November 1918 (Table 1). We can imagine the following scenario of how F. de Loys got his pet monkey. It is possible that in the Tarra forest, while de Loys and his partners walked through a "pica," they shot a pair of large spider monkeys moving on the ground -as has been observed in different field sites (Campbell, *et al.* 2003)-. They may have thrown branches and excrement, as Montandon indicated (1929a, 1929f, 1929g). The wounded animal may have been kept as a pet and become the "monkey-man." This pet could have lost its tail, either by amputation or from the wounds it received. In the past decade the Venezuelan Society of Speleology has been exploring the caves of the Perijá Mountains, and during walks in the forest, *Ateles hybridus* sometimes has been observed throwing branches at a very close distance, approximately 10-12 m (Archive SVE, Urbani, pers. obs.). In addition, de Loys (1929a) indicates that the color of *A. loysi* was grayish, which is the color of *Ateles hybridus* in the Perijá region, as noted both in the field and from Perijá's specimens housed in the Field Museum of Natural History (Chicago), Museo de Ciencias de Caracas (Venezuela), and Museo de la Estación Biológica Rancho Grande (Maracay, Venezuela) (Urbani, pers. obs.).

There are even more indications of the hoax. First, it is difficult to understand why in the letters that F. de Loys sent to Dr. Elie Gagnebin, his mentor and confidant, he writes about the "sauvages, Indios Motilones, invisibles, silencieux, et plus féroces que les Allemands [sauvages Indian Motilones, invisible, silent, and more ferocious that the Germans]", and even banalities like "Les *muchachas* (de Caracas) sont délicieuses [the girls from Caracas are delicious]" (de Loys, 1930b). He never even mentions his primatological "discovery," despite the fact that it would have been his most important non-geological discovery in South America, and might have been of significant international importance. In addition, it is unlikely that a geologist, without previous experience in taxonomy, would have thought it necessary to count the number of teeth of a hunted primate. The excuse that the animal bones were dissolved in the salt used to preserve them (Montandon, 1929g: 184) is even more unbelievable. It is also difficult to understand how a person that is trained to write detailed field reports forgot to take note of the precise date of the encounter, and even more, forgot to take the photograph using a proper scale such as the carabines used for killing the animal in order to emphasize the dimensions of the "ape." So, it remains unclear why F. de Loys never provided the information on the exact date that he encountered the "ape."

In F. de Loys' obituary, E. Gagnebin (1935) highlights the most important facts of the life of the Swiss geologist. Yet, Gagnebin makes no reference to the *Ameranthropoides*. In this order of ideas, it is interesting to notice that in 1936, Dr. Gagnebin published a book on hominid evolution entitled *Le transformisme et l'origine l'Homme* (1947). In this book, he does not mention the *Ameranthropoides loysi* that one of his most noted students "discovered." Moreover, considering that, in principle, Gagnebin was not tied to any anthropological circle, British or French, suggests that he held a position of relative academic neutrality. It is unlikely that F. de Loys would lie to one of his favorite professors. So it is possible that Gagnebin knew about his former student's joke, and therefore omitted any reference of it, or simply never knew of such "finding."

It is important to highlight that Enrique Tejera was a person much interested in the natural sciences in general, and that he also contributed to botanical collections for the Smithsonian Institute of Washington while he worked in Perijá and Mene Grande (Steyermark and Delascio, 1985). E. Tejera worked as a medical doctor in the same areas and time as F. Loys (Table 1), and he had knowledge of Neotropical (local) primates. In fact, in one of his works on the *Tripanosoma cruzi*, the vector of the Chagas illness, he indicates that "no pudiendo disponer de monos Tití (*Callitrix penicilata*) [*sic*] que se han mostrado en el Brasil los animales más sensibles a la enfermedad, inoculamos monos cara blanca (*Cebus capucinus*) [*sic*] y monos negros o marimondas (*Ateles belzebuth*) [*sic*] [not being able to use titi monkeys (*Callitrix penicilata*) [*sic*] that had been shown in Brazil as the most sensitive animal to the illness, we inoculated white-faced capuchin monkeys (*Cebus capucinus*) [*sic*] and black [spider] monkeys or marimondas (*Ateles belzebuth*) [*sic*]]" (Tejera, 1919d: 76-77; 1919e, 1920b). In addition, he also inoculated red howler monkeys, *Mycetes ursinus* -*Alouatta seniculus*- for his field biomedical research (Tejera, 1920b: 302). For the identification of these primates, Tejera used the work *Die Säugetiere* of Alfred Brehm (1912), a well-known book especially for its primatological section written by Ludwig Heck (see e.g. de Beaux 1921), which he had in his field laboratory (Tejera, 1919d: 77). This book was paradoxically the same one that G. Montandon used to compare the heights of gorillas, chimpanzees, orangutans, and gibbons with the *Ameranthropoides loysi* (Montandon, 1929g: 187). Therefore, it is quite difficult to believe that having learned about a bioanthropological "discovery" of such importance in the area where he worked, Tejera -a publication-oriented person- would not have sent news to the scientific community in Venezuela and abroad. Even years later, he was particularly enthusiastic to attend Montandon's conference in Paris, where the Swiss medical doctor talked about the *A. loysi*, a primate that Tejera named as an alleged "new Venezuelan" citizen (Tejera, 1962; Appendix A).

Tejera also communicated the position expressed in his 1962s letter (Appendix A; Fig. 18), in a meeting of the Academia de Ciencias Físicas, Matemáticas y Naturales de Venezuela in Caracas. In this respect, Eugenio de Bellard-Pietri (1999: pers. com.) said that "en una oportunidad en que se hablaba en la Academia de temas antropológicos (no recuerdo si fue con motivo de los descubrimientos de Louis y de Mary Leakey en Olduvai Gorge de los *Australopithecus*), [E. Tejera] relató una experiencia suya ciertamente extraordinaria habida cuenta de los lugares y personajes que intervinieron [in an opportunity in which at the Academy there were talks about anthropological topics (I do not remember if it was due to the *Australopithecus* discoveries by Louis and Mary Leakey in Olduvai Gorge), [E. Tejera] narrated an experience certainly extraordinary taking the account of the places and persons that intervened]," subsequently, "refirió el Dr. Tejera que durante su estadía en los campos petroleros del Zulia, donde se desempeñó como médico al servicio de una empresa petrolera, le tocó un día ver a varias personas que estaban arreglando, para tomarle una fotografía, a un gran mono araña muerto. Se las ingeniaron con maña y colocaron al mono sentado sobre una caja que había contenido (según yo creo recordar) enlatados comestibles identificados muy claramente en la mencionada caja con un impreso muy evidente y grande, fácil de leer a distancia. Tejera nos refirió que él se acercó durante la toma de la fotografía y se fijó con atención en la caja y en el mono, al cual identificó en su conversación con nosotros en la Academia como un *mono araña* grande [Dr. Tejera noted that during his stay in the oil fields of the Zulia state, where he was a medical doctor at the service of an oil company, he saw that several people were getting ready to take a picture of a large dead spider monkey. They managed and placed the monkey seated on a box that contained (as I remember) canned groceries very clearly identified in that box with evident and large lettering, easy to read from distance. Tejera told us that he came closer during the taking of the picture and he noticed with attention the box and the monkey, that he identified in his talk in the Academy as a large *spider monkey*]" (de Bellard-Pietri, 1999: pers. com.; italics by de Bellard-Pietri).

F. de Loys (1929a), probably in agreement with G. Montandon, wrote the first indirect evidences of the hoax. His second note presents an appreciation of the indirect association the *A. loysi* and the Amerindians, being in fact what Montandon (1928, 1929g) was seeking with his human hologenesis. So, de Loys (1929a) indicates that "the last link in the sequence, was found on the American continents -where processes required for his appearance evolution had stopped short at the lower stages of the simian groups. A discovery which was made some time ago by myself makes possible the partial filling of this gap, and brings considerable support to the Ologenic Theory recently set forth by Dr. Montandon. My discovery of an anthropoid ape that is properly American thus brings considerable support to the Ologenic theory, whereby anthropoids as well as hominids, and, indeed man himself, originated independently on the whole of the earth." F. de Loys explicitly suggested the supposed ape-human relationships in the different continents. In November 1929, de Loys (1929b, Appendix B) states: "Observe an orang-outang from Malaya, and you will be struck at the first glance by his Asiatic appearance, slanted small eyes, high cheekbones, narrow shoulders, silent and cautious manners. Looking at him, it is an old Chinaman you seem to see. With the chimpanzee, the more erect shape of the body, the wider expanse of the chest, the franker aspect of the face, the overt expression –you cannot miss the likeness to the brown man type of North Africa or even of Mediterranean stock. The gorilla, black of hide and hair, with his tremendous muscular development, his prominent lower jaw and thick-lipped mouth, with his narrow forehead and his flat feet– the gorilla looks for all the world like a caricature of the Negro of central Africa, which is the home of both... Until my discovery of the American anthropoid... in the light of this discovery, it is obvious that the failure of the otherwise well-established principle of evolution when it was applied to America was due only to imperfect knowledge. The gap observed in America between monkey and man has been eliminated; the discovery of the Ameranthropoid has filled it."

Some of G. Montandon's arguments in his publications also suggest a hoax. Linking the Amerindian with the *Ameranthropoides* allowed him to complete his graph of "Descendant ologenétique de l'homme [human descendant hologenesis]" that presented a gap for the New World (Montandon, 1929e: 116; Fig. 22). Later he points out that "L'hipothèse de l'extinction, en Amérique, de la lignée préhumaine-humaine, est ici représenté, –pour autant qu'un tel graphique permet de figurer la répartition continentale" [The hypothesis of the extinction in America of the prehuman-human line, is represented here,– additionally the graph shows the continental distribution] (Montandon, 1929e: 116). Just one year after presenting his graph of the hologenetic descendant of humans with a gap for the American continent, he was able to fill it with the *Ameranthropoides* (Montandon, 1929a-o). As Urbani *et al.* (2001) and Raynal (2002) indicate, coincidentally Montandon always published his *Ameranthropoides* papers in a given journal after presenting the ones about his hologenist ideas in that same journal (Table 3), resolving the "American human distribution gap." Moreover, G. Montandon seemed to show the existence of the *Ameranthropoides* when he suggestes that "There are two words to comment on the way we can interpret the *eventual* existence of an ameranthropoid in relation to the particularly famous theory of Daniele Rosa.

Certainly, the existence of such a ape *does not* directly prove hologenism in terms of its application that we have used for human hologenesis; but it indicated a certain relationship to the hologenesis theory in its restricted sense (the origin of the species not starting from a place, but rather starting from the whole surface of the globe, therefore from very vast areas)" (Montandon, 1930a: 453-454; italics are ours). In two of his *A. loysi* works, Montandon notes that to "le domaine zoo-anthropologique, un fait absolument nouveau en lui-même, et qui, indirectement, soutient la théorie émise [the zoo-anthropological domain, an absolute new fact like this (*A. loysi*), indirectly sustains the provided theory (of hologenesis)]" (Montandon 1929c: 269, 1929h: 2)

In less than one month, G. Montandon makes a serious mistake. In his first paper published on March 11th 1929, the height of the *Ameranthropoides loysi* appears as 1.35 m (Montandon, 1929a). Nine days later, in the March 20th session of the Institut Français de Anthropologie (IFA), he said that the height of the primate was 1.57 m (Montandon, 1929f). This error is noteworthy and was not disregarded by Sir Arthur Keith (1929) who dismissed the "discovery" as ridiculous. About three months later, on June 15th 1929, F. de Loys also indicated that the height of *A. loysi* was 1.57 m. Even later, the height changed again: G. Montandon (1930a) indicates that it was 1.23 m. Another mistake was made in the papers where G. Montandon provides detailed descriptions of the location were the "ape" was hunted. In Montandon (1929a), he indicates that *A. loysi* was obtained in a right tributary of the Tarra River, while Montandon (1929d, 1929g) inconsistently states that it was in a left tributary. In addition, F. de Loys (1929b) notes that the primate was shot in the Catatumbo River, and not exactly in the Tarra River. Moreover, Montandon (1929g) as well as de Loys (1929a) indicate that the male individual that accompained the killed female primate, was wounded. In other versions, Montandon (1929a) and de Loys (1929b) suggest that the male individual just observed F. de Loys' party and then went away into the forest.

In the context of Montandon's *A. loysi* publications, it is interesting to highlight some aspects. First, in the March 11th 1929 Academy of Sciences of Paris conference (Montandon, 1929f: 140), when *A. loysi* first became public, Montandon supported the alleged ape discovery using supposed archaeological evidence of "pseudo-gorillas statues" in the Yucatan Peninsula (Mexico), as presented in a famous Mayan exhibition held in Paris on September 22nd and 29th 1928 (Montandon, 1930a, 1930b). He also published another less known article where this archaeological justification could be validated with the alleged Mayan statues that "semblables au gorille" [resemble the gorilla] deposited in the Museum of Mérida, Yucatan, Mexico (Montandon, 1931a; Fig. 23). In this reference, he highlights the supposed voluminous clitoris in one of the statues, which to him looked similar to the one described for *A. loysi* in Montandon (1929g). Furthermore, it seems curious that G. Montandon had some knowledge about the fauna of the area. He mentions, for example, the presence of anteaters (*Tamandua mexicana*), but never compares his "ape" with other primates of the region such as *Alouatta*, *Ateles*, and *Cebus*.

As previously indicated, the news about the *Ameranthropoides* found general acceptance in the academic community of France, and especially in the IFA (Montandon, 1929f). By 1929, G. Montandon was a principal collaborator of *L'Anthropologie*, as noted in the main page of the journal. He also published, at the same time, more than a dozen bibliographic reviews in this bulletin (Montandon, 1929n-af). In that institution, after concluding his March 20th presentation concerning the *Ameranthropoides,* Lévy-Bruhl, Meyerson, Bourdelle, Jouleaud, and Rivet praised G. Montandon. Certainly, the last two had a special interest in the talk. Both had been in events similar to those in F. de Loys' accounts. Leónce Jouleaud, who was a well-known zoologist, previously had worked as field geologist in Colombia between 1925 and 1926, in similar circumstances as F. de Loys, being president of the French Geological Society, and later the Zoological Society of France. Henri Vallois (1929) wrote a review of a work published about the Barí of the Perijá Mountains. Paradoxically, even with the obvious acceptance within the IFA about this case, in the same volume of the *L'Anthropologie*, M. Bégouen (1929), who was also a main collaborator of this journal, did not mention the *Ameranthropoides* in his classification of primates. Paul Rivet had special interests in the origin of the American man (Rivet, 1943), as well as in the ethnology of the "Motilones" of the Perijá Mountains (Rivet and Armellada, 1950), and was the founder of the Instituto Etnológico Nacional de Colombia (Oyuela-Caicedo and Raymond, 1998). Rivet provided Montandon the necessary information to write the note *Les statues simiesques du Yucatán* (Montandon, 1931a) as an archaeological support for Montandon (1929g). In 1928, Rivet was General Secretary and member of the Commission of Publication, while Jouleaud was a member of the Council of the Société of Américanistes (Société de Américanistes, 1928) in whose periodical, the *Journal de la Société des Américanistes* was published the most complete article on the *Ameranthropoides* (Montandon, 1929g). Also in terms of the context of the Montandon's publications, it is worth noting that from his very extensive bibliography (Montandon, 1927; 1928; 1933; 1935; 1940; 1943 among others), only one refers to non-human primates, that which relates to *A. loysi* (Montandon 1929a and successive versions). Finally, only three of G. Montandon's published works (Montandon, 1929f: 139, 1929g: Pl. V, 1930a: Fig. 1 and Fig. 4) include the note "Copyright 1929, by George Montandon" (Fig. 4) on the bottom of the *A. loysi* photograph. Including this note is a way to avoid using the reproduction without authorization, even by its true author, F. de Loys.

Other evidences of a hoax are two statements that G. Montandon made after publishing a series of notes about *A. loysi* (Montandon 1929a, 1929b, 1929c, 1929d, 1929e, 1929f, 1930a, 1930b). After H. Weinert's (1930) publication in which he reasons that *A. loysi* should have been named *Megalateles*, in 1931 Montandon wrote a letter to the Italian-Brazilian Cesar Sartori (Appendix C). In this letter, Montandon admits that he should have named the de Loys' "ape" *Megalateles* to "avoid confusions" like those that arose around the appellative of *Ameranthropoides* (Sartori 1931; Table 2). This letter was published in a Sunday magazine of a Brazilian newspaper, the *Correio da Manhã*, and as in the case of the letter of E. Tejera, it had no impact on the controversy because it was published far from the academic circles in which the discussion was in vogue. In Europe, Weinert's (1930) paper about the *Megalateles* had no impact either; no author even cited it since it was published in a provincial German journal. The only exception is a brief mention of Sartori (1931) in Beccari (1943: 10). Beccari's work was also not very well known and is only mentioned in a critical review written by the French zoologist Henri Vallois (1947), and later on in Bernard Heuvelmans (1955). It is possible that the Italian magazine in which Beccari published had limited distribution during the middle of World War II. This may explain why it did not appear in the anthropological and zoological indexes such as the *Zoological Record* (which was published uninterruptedly since 1865). In 1943, G. Montandon published a new note explaining that to avoid misinterpretations about the genus *Ameranthropoides*, it should be named *Megalateles* instead (Montandon, 1943: 317). The introduction of this name lacked formality, and automatically became a *nomen nudum* due to the principle of priority of the code of zoological nomenclature (International Commission of Zoological Nomenclature, 1999). The taxon *Megalateles* should be attributed to Weinert, who published it before Montandon and has to be included as a synonym for *Ateles* (Table 2). Furthermore, it is interesting to note that 20 years after Hans Weinert's *Megalateles* naming, he described as *Meganthropus africanus* a hominid maxilla that Ludwig Kohl-Larsen's expedition discovered during 1939 in Tanzania (Weinert 1950). The enormous attention around this "discovery" led to the creation of several new synonyms for *Ateles hybridus* and the family Atelidae (Table 2). Thus, from a current taxonomic and biogeographic perspective, *Ameranthropoides loysi* must be considered another synonym for *Ateles hybridus* (Table 2).

In presenting this hoax, it appears that from very early on Montandon knew that the primate in question was a large sized *Ateles*. This realization fits with the last paragraph of his first note where he states: "Réservant la possibilité que nous nous trouvions en présence d'une nouvelle espèce du genre *Ateles*, nouvelle espèce géante... [we reserve the possibility that we are in presence of a new species of the genus *Ateles*, new giant species...]" (Montandon, 1929a: 817). Sir Arthur Keith noticed this statement, and it is the key for his argument that the primate in question was a spider monkey, or maybe an *"Ateles loysi?"* (Keith, 1929: 101; Table 2). In spite of that compromising statement, the Swiss doctor concluded the paragraph noting that "nous introduisons dans le sous-ordre des platyrhines une nouvelle famille, celle des *Amer-anthropoidæ*, comprennant un seul genre, le genre *Amer-anthropoides*, comprendant actuellement une seule espèce, à laquelle nous donnons le nom de *Amer-anthropoides Loysi* [we introduce in the suborder of the platyrrhines a new family, the *Amer-anthropoidæ*, having a single genus, the genus *Amer-anthropoides*, including a single species at the moment, to which we give the name of *Amer-anthropoides Loysi*]" (Montandon, 1929a: 817).

Montandon (1930b) made another suggestive and barely known comment at the February 19th 1930 session of the Institut Français de Anthropologie. He suggested an alternative possibility for the alleged lack of a tail, one of the most discussed points. He stated that "Reste ouverte la question du mangue d'appendice caudal. Seule une nouvelle découverte pourrait nous dire s'il s'agissait d'un accident, d'un embryo d'appendice flow noyé dans les chairs come chez les *Macacus inus*, ou d'un maims réel de cet appendice comme chez le anthropoid [It is open to question the lack of a caudal appendage. Only a new discovery could tell us if it was an accident of an embryo without caudal appendal as in *Macaca inus*, or a real lack of this appendage as happens in the anthropoids]" (Montandon, 1930b: 117). The fact that Montandon compared *A. loysi* with macaques, may be an answer and an indirect acceptance of Cabrera's argument (1930) concerning the tail absence in *Macaca* and then probably in *A. loysi*. It is interesting to point out that the arguments of Á. Cabrera (1930), who was the first person to dissect of the reasonings that supported *A. loysi*, were known and discussed by G. Montandon as is evident in the letter that he sent to Sartori (1931; Appendix C).

The importance of this "discovery" prompted some scholars to go to the field, to try to find and document its existence. Four people attempted to locate the *A. loysi* after the "discovery" of F. de Loys. Beccari went to British Guiana (today Guyana) in search of the alleged ape convinced of its existence (Beccari, 1943). Also supposing the existence of this animal, an American millionaire offered a fifty thousand dollar award to anyone who could obtain a specimen (Wendt, 1963: 220). Urbain and Rode indicated that in a meeting in Paris, Philip Hershkovitz said that he went to the forests of Catatumbo River basin between Colombia and Venezuela with the picture in hand "du specimen étudiée par Montandon est celle d'un *Ateles hybridus* [of the specimen studied by Montandon and another of a *Ateles hybridus*]" (1946: 36). They never found the alleged ape. After this meeting in Paris, P. Hershkovitz published his first primatological paper on April 1945, in co-authorship with the French primatologist P. Rode (Rode and Hershkovitz, 1945). In Colombia, however, he collected a large quantity of primates (now at the Chicago's Field Museum; Urbani, pers. obs.). These were described in his works on primate taxonomy and particularly in his first seminal monograph and early research about Colombian monkeys (Hershkovitz, 1949). Later on, he would point out the subject as a hoax made by "a French, or perhaps Swiss, geologist" (Hershkovitz, 1960: 6). The Austrian-Venezuelan explorer, Hellmuth Straka, lived with the Yukpa Amerindians of the Perijá region, where, also with picture in hand, he failed to find evidence of the *Ameranthropoides loysi*. He also pointed out that in 1952, the "etnólogo francés J. Doumaire buscó en la Perijá tanto al hombre-mono como a los indios blancos, sin resultado alguno [French ethnologist J. Doumaire looked in the Perijá for the monkey-man and for the white Indians, without any result]" (Straka, 1980: 12). J. Doumaire supposedly also went with a filmmaker and a geologist to the Perijá Mountains (Anonymous, 1952b).

Finally, it is possible that the letter that the German lady Ch. Heyder (1962) sent from Caracas to H. Wendt, could have made him to reconsider his previous views. This is possible since in later works on anthropological topics as *Der Affe steht auf* (Went, 1971), he made no mention of the *Ameranthropoides loysi*, and only addresses the Piltdown Man hoax. If Wendt did receive this letter from Venezuela, regrettably he never disclosed its content, which would have helped end the discussion sooner, and also disseminate Tejera's (1962) arguments to a larger audience. However, Wendt (1980) completely suppressed the chapter about the *Ameranthropoides* from his original work (Wendt, 1956). It is almost certain that such suppression may have been due to the content of letter from Caracas. However, since the 1980 edition was a posthumous book, there is no possibility of knowing why this chapter was excluded. Also, if Cabrera's work (1930) had been better known in Europe, possibly the controversy would have taken another course.

5. Epilogue

Some final considerations regarding the *Ameranthropoides loysi* history may be reached. The first concerns the sociopolitical context in Europe during the first half of the 20th Century, when "the discovery" and creation of this fraud originated. In this respect, Haraway (1989: 19) indicates that "primate bodies grounded the discourses that rested on a flow of value from the lands where monkeys and apes lived to the lands where they were exhibited and textualized… Part of the ideological framework justifying this directed flow of knowledge was the great chain of being structuring western imperial imaginations; apes especially were located in a potent place on that chain." In France and francophone regions in general, the *singeries* were in vogue. In this period, the French government maintained in Africa and Paris, chimpanzee colonies to carry out studies of "civilization," helped by "native women," with the purpose of determining the limits of ape mental capacity (Honoré, 1927; Haraway, 1989). In this respect, Honoré (1927: 409) notes that these experiments were "*uniques au monde* [unique in the world; italics by Honoré]," and designed for "disminuer les souffrances de tous les hommes [to diminish human suffering]." This was a practice with racist implications as Haraway indicated (1989). At the same time, French-American explorer Paul du Chaillu's finding of the gorilla drove even more interest to apes (McCook, 1996). Moreover, the discovery of African hominid remains changed the social and scientific ideas in Anglo-Saxon society, since they were found in Africa (Lewin, 1987). These circumstances may have fostered two of the major bioanthropological hoaxes of the 20th Century in Europe. Thus, in Great Britain, the Piltdown Man (*Eoanthropus dawsoni*) forgery was created under a paleoanthropological context, while in France, the *Ameranthropoides loysi* emerged in a primatological context. Both cases concerned the search of human origins. The first was under a vision of Victorian science, that possibly A. Keith initiated, and that actually challenged the position of the alleged ape for the understanding of human evolution. The other was from France, initiated by G. Montandon (1930a: 450) and supported by authors like L. Honoré (1929) and F. Jouleaud (1929) in defense of their polygenist ideas of the human origins. The *Ameranthropoides* controversy turned out to be another clear example of power dispute in the sciences among British and French academic circles during the first half of the 20th Century.

The second consideration is the implication of these "findings" on the social construction of the dichotomy between humans and non-human primates. In Western imaginary, non human primates in general and apes in particular, are subjects to be thought in a very singular way (Corbey, 1998; Corbey and Theunissen, 1995). This discussion existed since the Middle Ages and the Renaissance until the present (Acosta, 1992; García, 1981; Janson, 1952; Kappler, 1980; Midgley, 1998; Morris and Morris, 1966; Shea, 1984; Tinland, 2003; Haraway, 1989; Cavalieri and Singer, 1994). Then, it does not seem strange to find that Joleaud (1929) and Heuvelmans (1955) made comparisons between the *Ameranthropoides loysi* and the *Pithecanthropus* of Gustav Heinrich Ralph von Koenigswald (Fig. 24). And, that Philip Hershkovitz, one of the most important mammalogists of the 20th Century (Anonymous, 1997) and also distinguished taxonomist of Neotropical primates of that century, became interested in primatology during the expedition that he organized to the region of the Catatumbo and Tarra Rivers searching for the *Ameranthropoides*. This is worth noticing because it illustrates how particular historical events change the direction of persons that deeply impact a knowledge area, in this case, primatology. Just as the Piltdown Man fundamentally altered the views in the study of primate behavior via Sherwood L. Washburn's New Physical Anthropology ideas (Sussman, 2000); the *Ameranthropoides loysi* immersed P. Hershkovitz into the world of primate taxonomy while writing works that became fundamental in current primatological research (e. g. Hershkovitz 1977). The *A. loysi* "discovery" challenged many other prominent anthropologists and zoologists. Most likely this case influenced some of them regarding their thoughts on primate variability. Other parallels between the Pitdown Man case and the *Ameranthropoides loysi* could be made. Both cases defended evolutionary paradigms with racist contents, were orchestrated by well-established academic personalities, and also resulted from the biopolitical agendas created under particular historical circumstances in French and British societies (Wolpoff and Caspari, 1997; Spencer, 1990; this study).

Also, it is interesting to notice how Montandon constructed the *Ameranthropoides* and used it to reconstruct the "phylogeny" of humankind using his human hologenesis view. Montandon explicitly ignored other ideas about human evolution that were discussed at that time in Europe, casting *A. loysi*, the great apes, and non-Europeans as the "others." He constructed *Ameranthropoides* to channel the human origins discussion along his ideas and preconceptions, and to make distinctions of "humanness" according to his racial prejudices (for extensive discussion on this topic, see: Ingold, 1994; Shipman, 1994; Proctor, 2003). In this sense, as Proctor (2003: 235) notes: "Humanness is only a word, which we can define as we wish. Our ideas about such things have been influenced by many things, including self-love and professional vanities... and our efforts to come to grips with existential angst or even genocide." The *Ameranthropoides* case could be read as one of the most eloquent examples of this rationale, and as the result of changing views about humanity under different social-cultural, ideological, and political pressures.

Another point is related to the more of 75 years of controversy that followed the initial publication of the *Ameranthropoides*. This hoax may have begun as a joke, but escaped F. de Loys' control to become an on-going academic dispute that he may have finally considered too embarrassing to disclose. If years later de Loys had admitted that the picture of the supposed ape was a practical joke, it may have cost him professional credibility, especially after attaining a high position in the petroleum industry. Perhaps he thought wiser to remain silent as the debate expanded beyond his control. In addition, this case illustrates how sound scientific arguments from the "periphery" that might have lead to the early closure of this case —such as the statements that Á. Cabrera's made regarding the *Ameranthropoides* creation in Argentina in 1930– were ignored or probably never entered into the vein of the main academic discussions that were in progress in Europe.

In sum, after reviewing the information of this case, one that remained practically unknown from previous historiographical reviews (e.g. see Spencer, 1997), the *Ameranthropoides loysi* controversy should be considered an orchestrated bioanthropological and primatological hoax with strong academic implications and intricated sociopolitical ramifications.

Acknowledgments

The authors appreciate the cooperation of the staff of many archives, libraries, and primate collections around the world that helped with this research. These are the Archivos Geológicos de Petróleos de Venezuela S. A. (formerly LAGOVEN S.A., Caracas), Archivos de la Sociedad Venezolana de Espeleología (Caracas), Biblioteca de la Academia de Historia de la Medicina (Caracas), Biblioteca "Marcel Roche" of the Instituto Venezolano de Investigaciones Científicas (Caracas), Biblioteca Nacional do Brasil (Rio de Janeiro), British Library (London), Library of the University of Illinois at Urbana-Champaign (specially the Rare and Special Collections Section), Archives de la Ville de Lausanne (Switzerland), Explorers Club Archives (New York), B. Heuvelmans Archives at the Musée Cantonal de Zoologie de Laussanne (Switzerland), Library of the Musée d'ethnographie de Genève (Switzerland), Biblioteca Nazionale Centrale di Roma (Italy), Biblioteca del Dipartamento di Biologia della Universitá di Bologna (Italy), Biblioteca del Dipartamento di Biologia animale e dell'uomo della Universitá "La Sapienza" (Rome, Italy), Library of Congress (Washington DC), Biblioteca Nacional de Venezuela (Caracas), Bibliothèque publique et universitaire de Genève (Switzerland), Bibliothèque nationale de France (Paris), Mammal Division of the Field Museum of Natural History (Chicago), Museo de Antropología e Historia del Estado de Yucatán (Mérida, Mexico), Museo de Ciencias de Caracas (Venezuela), Museo de la Estación Biológica Rancho Grande (Maracay, Venezuela) and *Le Temps* Newsletter Archives (formely *Journal de Genève*, Switzerland).

We thank the many people who have discussed and cooperated with us over the years while preparing this work, in alphabetical order, they are José Trinidad Angulo (Biblioteca de la Academia de Historia de la Medicina, Caracas), Lilliam Arvelo (Instituto Venezolano de Investigaciones Científicas –IVIC–, Caracas), Michel Azaria (Asociación Judeoespañola en Auschwitz-Bikenau, Paris), Héli Badoux and Pascale dalla Piazza (Section des Sciences de la Terre, Université de Lausanne, Switzerland), Manuela Billaudot (Caracas, Venezuela), Carlos Bosque (Universidad Simón Bolívar, Caracas), Omar Carreño (Caracas and Nanterre), Rafael Carreño (Sociedad Venezolana de Espeleología, Caracas), Paul Cooper and Lorna Mitchell (General and Entomology Libraries, The Natural History Museum, London), Bernardette Chevalier (Musée d'ethnographie de Genève), Eugenio de Bellard Pietri[†] (Academia de Ciencias Físicas, Naturales y Matemáticas, Caracas), José Mario Bundy (Belo Horizonte, Brazil), Sabine Theodossiou-de Loys, F. de Loys' niece (Lausanne), Henri T. de Loys, F. de Loys's nephew (Winnetka, USA), M. M. Derrick (The Royal College of Surgeons of England, London), Jean-Jacques Eggler (Archives de la Ville de Lausanne), Beverly Emery (Museum of Mankind, London), Sabrina Fabbiano (*Le Temps* Archives, Geneva), Marie-France Fauvet-Berthelot (Société des Américanistes, Paris), Alain Froment (Société d'Anthropologie de Paris), Edgar Gil (Fudeci, Caracas), Simone Gross (Bibliothèque Municipale, Lausanne), Oliver Glaizot and Michel Sartori (Museé Cantonal de zoologie de Laussane), Terotoshi Hatakeyama (Hokaiddo University, Japan), Joris Lagarde (Sociedad Venezolana de Espeleología, Caracas and Montpellier), Gerardo Lamas (Museo de Historia Natural, Universidad Nacional Mayor de San Marcos, Lima), Tim Lincoln and Henry Gee (*Nature*, London), Carlos López-Vaamonde and Elisabeth Herniou (The Natural History

Museum, London), Stuart McCook (College of New Jersey, Ewing), Edgardo Mondolfi[†] (Fudena, Caracas), Martin Morger (Archives Division, International Red Cross, Geneva), José G. Oroño (La Universidad del Zulia, Maracaibo, Venezuela), María Alejandra Pérez (University of Michigan, Ann Arbor), Michel Raynal (Franconville), Silvia Rinaldi (Rio de Janeiro), Juan Luis Rodríguez (Southern Illinois University, Carbondale), María Fernanda Ruette (Caracas), Anthony Rylands (Conservation International, Washington), Franz Scaramelli (IVIC and Sociedad Venezolana de Espeleología), André Singer (Funvisis, Caracas), Eugenio Szczerban (Infrasur, Caracas), Pierre A. Soder (Naturhistorisches Museum, Basel, Switzerland), John Thackray[†] (The Natural History Museum and the Geological Society, London), Alejandra Toro, and Raul Pessina (Geneva), Susana Urbani (Caracas) and Erika Wagner (IVIC, Caracas).

All translations, except Russian, are the responsibility of the authors. We appreciate the Russian translations kindly done by Eugenio Szczerban, and the advice with French provided by Rafael Carreño, Manuela Billaudot and Susana Urbani. Special thanks to Franco Urbani (Escuela de Geología, Universidad Central de Venezuela), Paul Garber, Steven Leigh, Matti Bunzl, Melissa Raguet-Schofield (University of Illinois at Urbana-Champaign) and Martin Kowalewski (University of Illinois at Urbana-Champaign and Museo Argentino de Ciencias Naturales "Bernardino Rivadavia") for their important suggestions, María Alejandra Pérez (University of Michigan, Ann Arbor) for her detailed editorial support and to Robert W Sussman (Washington University, St. Louis) for writing the foreword. This work was a long-term project and could not be properly finished without the cooperation of the families Urbani-Nouel and Viloria-Carrizo, thanks a lot…

Appendices

Appendix A
Letter of E. Tejera to G. J. Schael (Tejera, 1962)

The following is a document that was practically unknown in the development of the long controversy on the *Ameranthropoides*. Moreover, this letter never appeared in any of Dr. Tejera's bio-bibliographical compilations.

"Caracas, July 1962–yesterday we received from Dr. Enrique Tejera the following letter:
Mr. Guillermo José Schael
El Universal
My distinguished friend:
    Concerning a new monkey found in Venezuela –by the way there are already enough with the ones we know– I will tell you with knowledge on the article appeared in the column "*Brújula*" of today's *El Universal*, that I see myself in need to disillusion you about it. Such a monkey is a myth. I will tell you the story.

    In the first months of the year 1919 being in Paris and also being there Dr. Nicomedes Zuloaga Tovar, one morning he telephoned to ask me to read in the column "*Conferences*" of the newspaper "*Le Temps*." There, it was announced for that afternoon a talk entitled: "An anthropoid ape from Venezuela. The first one found in America."

The topic could not be more interesting, not only for us Venezuelans, but for the topic itself.

That afternoon we conveyed to the Natural History Society of Paris. The conference room was full. What a curiosity the new Venezuelan had awakened!

The lecturer was Mr. Montandon, who called himself "Specialized Explorer" (?).

My surprise was extraordinary while listening to him. I had always doubted many asertions, but this surpassed the imaginable. I believe that the public had another surprise. And it was that in the auditorium a voice was heard requesting to speak.

The tone was something abrupt, I must admit. I requested the President of the Society to ask Mr. Montandon to exhibit again the picture of the monkey, object of the conference.

Here it is, more or less, what I said that day:

"Mr. Montandon has just told us that the simian in question was found in a remote region of Venezuela, in which white men never arrived before. See yourself however that in the picture the monkey sat down on a box of an American product and behind it as background there is plantain crop. This doesn't need any more comments with regard to the remoteness.

"Moreover, Mr. Montandon has pointed out that the sex of the specimen here depicted is male. Doesn't the lecturer know that in that genus of monkeys the female sex is external? Those who are here and there are specialists among us who know that this is so.

"But I should add something more: Mr. Montandon said that the monkey doesn't have a tail. That is true, but he has forgotten to say something, and it is that it doesn't have it because it was cut. I can assure this, gentlemen, because it was in my presence that it was amputated."

(Movement in the room, etc.)

I continued: "Who speaks, at that time in 1917 worked in an oil exploration camp in the region of Perijá. As a camp geologist was Mr. François de Loys, and the Engineer was Dr. Martin Tovar Lange. De Loys was a joker and many times we laughed at his jokes. One day a monkey was given to him. The monkey had a sick tail and it had to be cut. De Loys called it the monkey-man.

"Time after that de Loys and me met up again in another region of Venezuela: in the area of Mene Grande, and he always carried with him his mutilated monkey.

"There, in Mene Grande, the simian died and de Loys photographed it, and it is that, and I believe that Mr. Montandon will not deny that such picture is the one he has presented today.

"I should tell you gentlemen that any person of the region of Perijá would diagnose with certainty the monkey there photographed. There they call it *Marimonda*. And as this one there are many others over there.

"Gentlemen: specialized naturalists know very well that anthropoid monkeys don't have an external vagina and that on this American genus, the female *Marimonda* monkey has it this way. Also, if in making a genus and new species of this monkey the naturalist had made a good description of the simian, for sure he would have described the skull and it would have been enough to compare it with the species "*Marimonda*" to know that such is its true name, and I will not base himself on myth."

That afternoon I believed that the whole matter had finished, because the end of the conference is not necessary to be told.

But lately, in a trip to Paris I was amazed when visiting the Museum of Man. At the height of a monumental stairway, filling the background wall there was an immense picture and under it could be read: "The first anthropoid monkey found in America." It was the picture of De Loys, but magnificently retouched. No longer could you see the "platanal [plantain plantation]," nor could one know on what box the monkey was seated. The trick has been so well utilized that in some years the simian in question would have more than two meters. A myth was born from a hoax, but later it would become the legend of the "monstrous monkey-man of the jungles of America." And I say of America because they would have found it too small to say that it was from Venezuela.

My appreciated friend Schael: that is the true history of the monkey that has motivated your article. To finish I should add something: Montandon was a bad person. After the war he was shot because he betrayed France, his homeland.

Greeting you cordially, your friend,

Enrique Tejera."

The date of the conference that E. Tejera mentioned, during the first months of 1919, as explained below, is incorrect. Rather, it should be the one at Academy of Sciences of Paris on March 11th 1929, specifically. It was mentioned that a heated discussion followed this conference (Wendt, 1963; Tejera, 1962). The "1919 newspaper notice" has been thoroughly searched without success in the 1919 editions of the old French newspaper *Le Temps*. Therefore, we suggest that it is either E. Tejera's typographic error or of the newspaper *El Universal* of Caracas. Besides, it is important to notice that by December 1919, G. Montandon was in Japan (Montandon, 1926a; Durand, 1984), specifically in the Ainu villages of Horobetsu, Nina, Piratori, Nieptani, Shadai, and Shiraoi (Montandon, 1927; Hatakeyama, 1999: pers. com.). Meanwhile, F. de Loys and E. Tejera were at that time in the oil fields of southern Lake Maracaibo, Venezuela (Table 1). As an additional fact we know that by 1919, Enrique Tejera was in Venezuela; on April 29th 1919 his son was born in Caracas (Sáenz de la Calzada, 1953) and by May 1919 he signed an article from Caracas (Tejera, 1919e). Moreover, there is no doubt that he was in Paris during the first months of 1929 (Tejera-París, 1994). So we conclude that the correct date of this conference that Tejera witnessed was 1929.

Appendix B
Found at last, the first American. English explorer discovers huge, tailless anthropoid ape in South America, upsetting accepted theories of the evolution of man. By Francis (François) de Loys, F. G. S. (de Loys, 1929b)

This is a poorly known and almost ludic text that F. de Loys wrote. It is reproduced, as follow:
> "After a few seconds of tense expectation on the hot afternoon of the unforgettable South American day, the jungle swished open and a huge dark, hairy body appeared out of the undergrowth, standing up clumsy, shaking with rage, grunting and roaring and panting as he came out onto us at the edge of the clearing. The sight was terrifying.

There he stood, the first anthropoid ape ever found on the American continent—*Ameranthropoides Loysi*.

That dramatic discovery now established the fact that, instead of having been populated by races of foreign origin —as in accepted theories prevailing herefore— America has had and probably still has inhabitants of truly American stock, the ancestral roots of which from the darkness of the very beginning of time, have grown out oft the American soil itself.

Before giving the details of my capture of this ape-man, let me point out that the origin of man in the Americas has always been a much-disputed question. No anthropoid ever having been found here, scientists general have concluded that the first human inhabitants of the Western Hemisphere migrated either from Asia or from some now submerged oceanic continent. In the development of the evolution theory and its corollary hypothesis concerning the distribution of races, America genealogy has always shown a gap.

Elsewhere the descent of man has seemed to be logical. Observe an orang-outang from Malaya, and you will be struck at the first glance by his Asiatic appearance, slanted small eyes, high cheekbones, narrow shoulders, silent and cautious manners. In looking at him, it is an old Chinaman you seem to see. With the chimpanzee, the more erect shape of the body, the wider expanse of the chest, the franker aspect of the face, the overt expression —you cannot miss the likeness to the brown man type of North Africa or even of Mediterranean stock. The gorilla, black of hide and hair, with his tremendous muscular development, his prominent lower jaw and thick-lipped mouth, with his narrow forehead and his flat feet– the gorilla looks for all the world like a caricature of the Negro of central Africa, which is the home of both.

In America, however, as I have said things did not fit so well. Man is found, but the study of animal life development revealed the fact that between the lower types of monkeys and man there was nothing in common. The processes of evolution necessary to account for the presence of man had stopped short lot, before conditions were ready for his appearance. But, nevertheless man was here.

Until my discovery of the American anthropoid, we could only imagine that man migrated to these shores. But now, in the light of this discovery, it is obvious that the failure of the otherwise well established principle of evolution when it was applied to America was due only to imperfect knowledge. The gap observed in America between monkey and the man has been eliminated; the discovery of the Ameranthropoid has filled it.

This discovery, like most others came about by chance, for I must confess that, on that very hot, very wet and very gloomy afternoon when I found the Ameranthropoid, I was looking for nothing at all. As a matter of fact, I was trying to avoid many things rather than to find any new ones. The equatorial forest of South America is full of things one wishes to avoid: mosquitoes, snakes, centipedes, ticks, thorns and fever. In my particular case, there was something more I was trying to avoid – something even more dreadful that the deadliest snake or the yellowest of fever.

We were, my party of natives and myself, cutting our way in through that thick forest which covers, undisturbed and uninterrupted, the whole basin of the Catatumbo, on the border of Colombia and Venezuela, six or seven degrees north of the Equator. It so happens that this very region, untrodden by the white man and the Creole native alike, is the home of the Motilones, a particularly savage and ferocious tribe of the very ancient and warlike Carib nation of Indians.

* * *

These Motilones had resented our trespassing on their premises. They had resented it so much, in fact, that they had done their best to annihilate our party. Without ever showing themselves, they were persistently on our track, like a jaguar stalking its pray. Although armed only with bows and wooden arrows, they had found a way to kill already seventeen of my men – retail fashion, never more than two in a week!. I myself was still lame at the time from an arrow wound, which by sheer luck had made for my thigh instead of my chest.

So we were rather ragged and silent fellows when we arrived that afternoon on the bank of a wide stream. As I was getting to the water to wash off the debris, dead leaves, twigs, thorns, ants, wood lice and such accumulated on my body during the day's struggle across the jungle, a noise broke out in the forest, and the peons cried out in voice blank with fear: "Indians!"

I thought we were again being attacked by the Motilones, and cursed them otherwise than in my heart Judging from the din, this time they were in such number as to disdain their usual sly and silent methods of attack. We jumped to our rifles and made to receive them the best we could.

Ameranthropoides loysi Montandon 1929

It was at this moment that my huge ape-man stepped out from the jungle. As I have said, the sight was terrifying.

Nevertheless, I was relieved – it was not the Motilones!

A second monster followed the first intruder and stood by in the background, joining in the threatening racket of guttural roars. And then one of my men, unnerved by fear let go an aimless revolver shoot. Pandemonium broke loose.

The beasts jumped about in a frenzy, shrieking loudly and beating frantically his hairy chest with his own flats; then he wrenched off as one snap a limb of a tree, wielding it as a man would a bludgeon, murderously made for me. I had to shoot.

* * *

My Winchester got the best of the situation. Riddled with bullets, the great body soon fell on the ground almost at my feet, and quivered for a while. He gathered his arms over his head as if to hide his face and, without a further groan expired.

The other one gazed at us for a long while, then at the body of her dying mate, and uttering a shriek the horror of which still rings in my ears, wheeled and tumbled away out of sight in the impenetrable jungle.

I at once realized that the victim of the affray was a visitor of a remarkable nature. All the denizen of the forest were familiar to me and more so to my native peons. Nevertheless, these latter stood gaping over the huge carcass, realizing with awe that some unknown and terrifying dweller of the forest is dead under their eyes. None of them has seen the like of it, and they trembled with terror as they scrutinized the size and the powerful aspect of the beast.

The savants of the Scientific Academy of Paris, to whom all this data has been submitted, agree with my first deduction, that the great savage brute brought down in the Catatumbo forest was an anthropoid ape first ever found on the American continent. My friend, the famous ethnologist, Georges Montandon, of the French Anthropological Institute has classified the creature as the only known member of a new family of the Platyrhinians, and has named the Ameranthropoides Loysi [sic]."
Figure caption:

> "Photograph of the Ameranthropoides Loysi [sic], shot by the author on Catatumbo River, on the border-line of Colombia and Venezuela".

APPENDIX C
Letters from G. Montandon and G. Colosi to C. Sartori (Sartori, 1931)

The next is also another virtually unknown document in the long development of this controversy. Only Beccari cited it in 1943. It included fragments of letters written by G. Montandon and G. Colosi to Cesar Sartori in Brazil. These texts have been practically ignored in the historiography of these authors. These letter fragments are complemented with a text of C. Sartori. The work was entitled *"Amer-anthropoide Loysi* [sic]. Um grande simio de apparencia anthropoide na America do Sul" and published in the *Correio da Manhã*, as follow:

> "I just received an honorable letter from Dr. George Montandon, eminent French anthropologist, author of the well-known book 'L'ologenése humaine – Ologenisme'.

Among other things, he said: 'Avec mon denier mémoire sur le grand singe du Tarra (Venezuela) bàse dans le volume en l'honneur de Rosa, et le principal travail qui l'a precede sur le même sujet. Je vous envole, par pli recomendé, ce que je viens de publier dans le Mercure de France, pour le grand public sur la desconvente de l'hominide de Pékin. [With my last work about the large monkey from Tarra (Venezuela) published in the volume dedicated to Rosa, and the main article that preceded this about the same topic. I send you, via certified post a work that I just published in the Mercure of France for the great public about the Man of Pekin].

Et propos der grand signe, que jaurais peut-être mieux fait d'appeleva 'Megalateles' (le nom de Amer-anthropoides prétant a confusión) je seráis vien interessé si jamais vous entendiez quelque chosé à propos de l'existence de cet éter. Le professeur Cabrera, de Buenos Aires me repreche d'avoir voule creer une nouvelle familie, mais reconait qu'il s'agit d'une nouvelle especé ou d'un nouveau genre. Des auteurs d'Europe expriment, some toute, la même opinion. [Regarding the large monkey, maybe I should better call it 'Megalateles' (the name Amer-anthropoides provoke confusion), I am in interested, if you ever heard anything about the existence of such animal. Professor Cabrera, from Buenos Aires contended on my proposal to create a new family, but he recognized that it is a new species and new genus. In Europe, in general terms, authors also suggest such opinion]'.

According to what I know, the highest level in the animal kingdom are the Primates, that are divided in two groups, one from the Old World, from Asia and Africa, and also in the past lived in Europe. In relation with the shape of the nose, it is possible to remark the following characteristics:

Platyrrhines, are Americans, and their nose is flat with the rrhinarium located below, as in humans. However, the most important anatomical characteristic that distinguishes them from the other groups is its dentition.

The monkeys from the new continent have 36 caudated teeth; the ones from the Old [World], 32 slightly caudated teeth – The first ones, have nails (not claws).

The largest of the anthropoids is the gorilla; the chimpanzee is the smallest, both live in West Africa.

The orangutan inhabits in Borneo and in the other islands of Sonda; the gibbon in the archipelago of Java.

Up to now, science confirmed that there are no apes living in America.

Along that, reading the publication of Dr. G. Montandon 'Decouverte d'un singe d'apparence Anthropoide en Amerique du Sud' from 1929, and 'Precisions relatives au grande singe de l'Amerique du Sud' from 1930, we can learn this:

'In 1917, François de Loys, doctor in geological sciences went to Venezuela, living in such lands covered by jungles during three years, in the border between Venezuela and Colombia (Maracaibo) and inhabited by the 'Motilones' Indians. From the 20 men of his field party, four survived, the other died of fevers or by the Motilones (attacks): he was actually wounded by an arrow.

From a scientific point of view, the expedition received a document for the highest interest that refers to the existence of an absolutely new fact: the current existence of a large ape unknown in South America, it was shot down in the jungles of the Tarra river, and then photographed.

In general terms, it can be said that the height of the gorilla is around two meters, the chimpanzee and the orangutan one and a half meters, the gibbon one meter, the recently discovered large ape from America one meter and twenty five centimeters, just between the chimpanzee and the orangutan.

By the shape of its body, the animal from Venezuela is similar to a giant gibbon, by that aspect of the others (members) looks like an orangutan, its hairs and the proportions of the other members it looks like the anthropoids of the Old World, or the *Ateles* of the New World, but this [the *Ameranthropoides*] is a platyrrhine close to the *Ateles* considering the reduction of the thumbs as well as the location and development of the female sexual organs; which is larger from that of them [the *Ateles*], more robust, differentially hairy, covered with strong, large and abundant greyish hair like in the Bartlett's *Ateles*, however these are long and irregular ([like in] orangutans), with a triangle white spot in the middle of the front (head) with white mots and hairs that serve as a moustache.

El *Amer-anthropoides Loysi*, as named by Montandon, and that seems to be a female, is higher in height and breadth to most American species. In relation to the height, the head is larger that other apes (a more humanoid face than any other monkey or ape, or not).

A fact for the Americas, in the *Amer-anthropoides Loysi*, is that it is possible to verify the absence of the caudal appendix, because all New Word primates have prehensile tails. Also a new fact for the Americans is that they have 32 teeth; as we see, the lack of tail the teeth formula, is similar for example, not to the American monkeys but to the apes of the Old World.

The new animal was named Anthropoide, and therefore Amer-anthropoide Loysi *[sic], classified in such way because of the platyrrhine rrhinarium, in opposite to the catarrhines which are different (Old World) – until here Dr. Montandon.*

On June 18th, 1929, G. Colosi, famous naturalist, and natural science catedratic from the University of Naples wrote to me: 'The last month was published the discovery of an American ape (platyrrhine), the *Amer-anthropoide Loysi*, which was found in the virgin jungles between Colombia and Venezuela, with analogue characteristics (morphological parallelism) to the anthropomorph apes (catarrhines) from the Old World. Because of this, we do not argue that it is an animal like the anthropomorphs, and strictly close to humans, but the presence of an ape with such anthropoid characters in America, is without doubt, interesting; as it was studied by Montandon.

Later, on January 25th 1930, Dr. Colosi wrote about the same issue: 'Naturally this is not an anthropomorph ape, and belongs to the same phylum [sic], from which the human comes from, but it is to notice, that regarding the rules of morphological parallelism, also other phylum [sic], this (phylum) of the platyrrhines (the American monkeys) which is opposite to that of catarrhines (Old World), may have the possibility to develop other anthropoid forms.'

In a side note of the mentioned works, the great anthropologist Montandon said that: 'La presense d'un anthropoïdé en Amérique soutient indirectement la théorie de l'ologénisme; ce faitabolit l'argument de la répartition des anthropoïdés à la périphérie de l'Ancie Monde – comme s'ils y avaient été chassés par les vagues concentriques de leurs successeurs, arguments invoqué comme preuve du berceau de l'humanité en Asie centrale' [The presence of an anthropoid in the Americas supports indirectly the theory of hologenism; this fact rejects the argument of the repartition of the anthropoids in the periphery of the Old World – such as if they were expelled from concentric waves of their descendents, this argument is invoked as a proof that the heart of the humankind is in Central Asia].

To finish: It reste deux mots à dire de la façon dont peut être interprétée l'existence <u>éventuelle</u> d'un amer-anthropoïdé par rapport à la théorie désormais fameuse du maître Daniele Rosa. Certes, l'existence d'un tel singe ne prouve directement rien pour l'ologénisme, c'est-à-dire pour l'application que nous avons faite à l'homme de l'ologenèse, mais elle parle en un certain sens pour l'ologenèse tout court (départ des espèces non pas à partir de foyer, mais à partir de la surface entière du globe, puis d'aires très vastes) [There remain two words to comment about how to interpret the <u>eventual</u> existence –our underlying– of our anthropoid in relation to the particularly famous theory of the master Daniele Rosa. Certainly, the existence of such an ape is not a direct proof towards the hologenism, and its application as we did, relating the human in the hologenesis, but tells about, in a certain sense, the relationship of the hologenesis in a restricted sense (origin of the species not from a place, but from the earth's entire surface, by mean great areas)].

La théorie de l'ologenesis y trouvera, à notre sens, un nouvel appui et, de toute façon, les confins colombo-vénézuéliens, méritent de plus amples investigations. Attendons! [The theory of the hologenesis, found, to our knowledge, a new support and, of course the Colombian-Venezuelan border merits further research, we hope!]'
Cesar Sartori"

The text in English, that do not represent our translation from French, is our direct translation from the original publication in Portuguese. The errors of transcrptions in French made by Sartori (1931) in the original text were exactly maintained in our transcription.

Ameranthropoides loysi
Montandon 1929:
La Historia de un Fraude
Primatológico

Presentación

En 1917 o 1918, Francois de Loys, un geólogo suizo y explorador trabajando en Venezuela, inició un fraude que tuvo ramificaciones malignas en los años por venir. Hitler y el partido nazi, con el fin de justificar su horrible tratamiento a la gente "no aria", renovó las teorías poligenéticas del origen de los humanos del siglo XVI, las cuales clamaban que cada "raza" tuvo orígenes separados y que sólo la llamada gente "aria" derivó de Adán y Eva. Estas teorías fueron ampliamente aceptadas en Europa y Estados Unidos para el momento en que de Loys tomó la fotografía de su entonces recientemente fallecida mascota mono araña, colocándola en posición de pose en un intento de hacer de esta criatura algún tipo de "simio primitivo". Sin embargo, George Montandon, un médico, antropólogo y etnólogo suizo-francés, y simpatizante de los nazis, tuvo motivos distintos al humor y perpetuó esta broma con fines siniestros. En 1929, en una serie de artículos científicos y divulgativos, Montandon proporciona a la fotografía del mono mascota muerto el nombre científico de Ameranthropoides loysi, perpetrando el rumor de un tipo "primitivo" de "simio" antropoide viviente en las junglas de América del Sur. Él usó las fantasías del poligenismo, aceptado como verdad por muchos de la sociedad occidental, en un intento de proveer más evidencia y perpetuar el terror del nazismo. Dentro del esquema poligenista adoptado por Montandon, cada una de las cuatro presumidas razas humanas tuvo historias evolutivas independientes. "Blancos" derivando de los chimpancés, "negros africanos" de los gorilas y "asiáticos" del orangután. Con el "descubrimiento" del *Ameranthropoides loysi*, el "eslabón perdido" entre los nativos americanos y los simios fue "descubierto", proporcionando entonces evidencia adicional para las teorías del siglo XVI.

Así como amplia y prolífica fue la falsa evidencia presentada por Montandon, la cual fue aceptada cuando esta historia fue perpetrada; luego de que el nazismo fue vencido y las teorías que lo promocionaron fueron desacreditadas e impopulares, el mito del "simio" suramericano fue rápida y convenientemente olvidado. Sin embargo, el recontar este relato es importante para la historia de la antropología física, primatología, estudios sobre la otrora "teoría racial", ciencias políticas y para las disciplinas históricas y de las ciencias sociales en general. Más aún, cuando el nombre falaz del *Ameranthropoides loysi* continua apareciendo en algunos esquemas taxonómicos.

Si Bernardo Urbani y Ángel L. Viloria no hubieran reconstruido este extraño relato, quizás se hubiera olvidado para siempre. Los autores no sólo contaron la historia sino que lo hacen de una manera minuciosa, detallada y meticulosa. Urbani y Viloria también desenmarañan la historia en una forma oficiosa y entretenida, y a su vez el libro se lee mucho como un misterio de intrigas difícil de soltar. Urbani y Viloria resucitan al "simio mitológico", *Ameranthropoides loysi.* Al hacerlo, ellos ilustran los caminos maliciosos en el cual nuestros primos más cercanos, los primates, han sido usados para perpetrar racismo y a su vez nos permite aprender de alguno de los errores del pasado. Entonces hoy, así como sucedío con el fraude del Hombre de Piltdown, este fraude primatológico ya tiene su lugar en la historia.

Robert W. Sussman
Profesor titular en antropología biológica y ciencias ambientales, Universidad Washington-St. Louis.
Editor de la revista *Yearbook of Physical Anthropology.*
Editor emérito de la revista *American Anthropologist.*
Secretario, Sección H (Antropología), Asociación Americana para el Avance de la Ciencia.

Prefacio

Las páginas que siguen son el resultado de al menos catorce años continuos de investigaciones. En 1992 los autores tuvimos simultáneamente y de manera independiente la primera noticia acerca de un tal François de Loys, geólogo, explorador del occidente venezolano, que habría cazado un animal desconocido cuya fotografía ilustraba varios libros populares de zoología. En ese entonces acudimos separadamente a la consulta de Franco Urbani, padre del primer autor, profesor de geología de la Universidad Central de Venezuela e historiador de las geociencias venezolanas. Los tres descubrimos con sorpresa que en ese momento no era posible saber prácticamente nada del personaje en cuestión y nos lanzamos a pesquisar intensamente por varios años en bibliotecas y archivos de varios países, hasta que en 1996 tuvimos el grueso de los antecedentes que soportaron nuestras primeras publicaciones sobre el tema, y una idea bastante clara de una historia que hoy es asombrosa.

Sobre el retrato de un mono araña, que de Loys dijo haber cobrado en una selva ignota de Venezuela se generó una polémica duradera y de alcance mundial entre antropólogos, zoólogos, geólogos, médicos, historiadores y mitómanos. Recogemos aquí los hechos cronológicos y los encuentros de opiniones, la mayoría especulativas, que colectivamente erigieron en acontecimiento científico una imagen en blanco y sepia, que si bien todavía al verla hoy nos impacta, en aquel entonces pudo haber sido más impresionante, más creíble, si sólo hubiese sido acompañada de descripciones precisas y de menos propaganda.

El manejo que hizo George Montandon del caso siempre despertó sospechas de que el asunto habría sido forjado intencionalmente. Las evidencias apuntan a que se trató de un fraude que en su momento, por un lado se prestó para construir una excéntrica teoría evolutiva, y por otro justificó la inclinación criminal del racismo extremo de los nazis. Estas evidencias parecieran haber aportado suficientes pruebas sobre ésto. Contrariamente, Enrique Tejera, un testigo de excepción, por los sitios y fechas, señaló la burla como el móvil de una historia ficticia creada por un aventurero bienhumorado y buen fotógrafo que engañó a un antropólogo mal entrenado en zoología y obsesionado con el problema de la evolución humana. Aunque un simple testimonio de esta naturaleza no somete a refutación la hipótesis nula de que la fotografía de de Loys representa la imagen de una especie desconocida, la reputación académica del personaje que atestigua en este último caso, es grande y no lleva los estigmas negativos del propagandismo evolucionista ni del fanatismo racial de Montandon. No encontramos razones suficientes para no creer en Tejera.

En este escenario surreal donde por casi ochenta años se ha buscado un culpable, la imagen de de Loys se difumina a ratos y la de Montandon se hace cada vez más notoria. Otras veces se invierte tal enfoque. Después de lo que aquí se expone, creemos que no habrá mucho más que explicar, que no se considere un mito, en la enrevesada historia del caso del *Ameranthropoides loysi*.

Bernardo Urbani
Ángel L. Viloria
Caracas, Venezuela.

1. Breve contextualización histórica

Durante la primera mitad del siglo XX, en el mundo acaecían paralelamente una diversidad de sucesos. En América del Sur, y en Venezuela en particular, estaba en pleno desarrollo el *boom* de exploración petrolera, como el de la cuenca del Lago de Maracaibo (Fig. 1) (Crump, 1948; Arnold *et al.*, 1960; Martínez, 1986; Anónimo, 1989; Blakey, 1991; Urbani & Falcón, 1992; Urbani, 2001). Simultáneamente se encontraba en boga el problema del origen del hombre en los círculos académicos de Europa (Lewin, 1989). Un supuesto simio suramericano "descubierto" en tierras selváticas venezolanas en 1917 o 1918, y descrito en 1929 como *Ameranthropoides loysi*, unió ambas historias. Al despertar una gran controversia, este "hallazgo" recorrió el mundo. En tal sentido, en estas páginas se reconstruyen las etapas del caso que emergió como el otro gran fraude bioantropológico del siglo XX, comparable con el conocido fraude del "Hombre de Piltdown".

La presente obra re-examina la información conocida sobre los acontecimientos ligados a este "descubrimiento" y divulga nuevas informaciones sobre la controversia desatada, algunas de ellas publicadas en Venezuela y de circulación relativamente restringida, por lo que habían permanecido desconocidas. Estos últimos documentos sugieren como conclusión, la elaboración de un fraude premeditado por parte de sus dos mentores, François de Loys y George Montandon. Hasta hoy, después de más de 75 años del bautizo de este "simio sudamericano", jamás se había argumentado una resolución definitiva.

2. Entorno a los principales protagonistas del caso *Ameranthropoides loysi*

Los actores mejor conocidos en esta historia son el geólogo suizo François de Loys y el médico suizo George Montandon. Un tercer actor, por primera vez vinculado públicamente a esta larga controversia es el médico venezolano Enrique Tejera, cuyo testimonio debe considerarse el cierre de toda polémica sobre la identidad de este primate. Las personas mencionadas tuvieron momentos en los que sus vidas se relacionaron de alguna manera. A continuación se resumen rasgos biográficos de estas tres personas, fundamentales para comprender el desarrollo de la controversia.

François de Loys (1892-1935)

Era miembro de una familia, que por su tradición política, militar y científica se cuenta entre las nobles del Cantón del Vaud, de la Suiza francófona, desde el siglo XV (Attinger, 1928). Louis *François* Fernand Hector *de Loys* –quien firma como François de Loys– (Fig. 2) nació en Plainpalais, Suiza, el 10 de mayo de 1892; tercero de cinco hijos del matrimonio de un militar francés al servicio del ejército suizo, el Coronel Divisionario Robert Fernand Treytorrens de Loys y de la señora Marie Madeleine Zélie Ebrard, de Ginebra. Se inscribió en la Facultad de Ciencias de la Universidad de Lausanne en noviembre de 1912 y se hizo miembro de la Sociedad Geológica de Suiza en 1915 cuando estaba comenzando su disertación doctoral con el profesor Maurice Lugeon. Pasó sus exámenes a comienzos de 1917, obteniendo el grado de Doctor en Geología con la tesis *La géologie du massif de la Dent du Midi*, la cual aparece registrada el 4 de abril de ese mismo año. De inmediato inicia su viaje a Venezuela contratado por la compañía holandesa Bataafsche Petroleum Maatschappij que más tarde formara parte del consorcio Royal Dutch-Shell Group.

En Venezuela se le asignó la tarea de explorar geológicamente la cuenca del Río Tarra con la Caribbean Petroleum Company, una subsidiaria de The Colon Development Company Ltd. El Dr. de Loys fue uno de los primeros geólogos que se asentó en el Campo de El Cubo (Tabla 1), como puede inferirse de las cartas que enviara a su profesor Elie Gagnebin, fechadas entre 1917 y 1920, las cuales fueron publicadas posteriormente en un periódico de Lausanne (Gagnebin, 1930; de Loys, 1930a, 1930b). Tales cartas reflejan las más vivas impresiones del geólogo durante el cumplimiento de su trabajo en Venezuela. La permanencia del Dr. de Loys en Venezuela se extendió por tres años (Gagnebin, 1928, 1935), y en un informe firmado en Caracas (de Loys, 1918b), señala haber estudiado la zona del anticlinal de Tarra, cartografiando geológicamente una franja de 5 km de ancho desde unos 6 km al norte de El Cubo hasta unos 25 km al sur.

De sus cartas se desprende que en su viaje hacia Venezuela, pasó por Nueva York y de allí se embarcó en un vapor que lo llevó a Puerto Rico, República Dominicana, Saint Thomas y finalmente al puerto de La Guaira, Venezuela. Tras una breve estadía en Caracas partió hacia Maracaibo nuevamente en barco, haciendo escala en Curaçao. Su ruta a la región que debía explorar se hizo a través del Lago de Maracaibo y del Río Catatumbo, hasta la población de Encontrados, desde donde remontó las aguas del Río Tarra por tres días y dos noches, hasta llegar a El Cubo (Fig. 1). Las condiciones precarias de aquel campamento causaron gran impresión en el joven suizo, quien por primera vez debió experimentar de las severas condiciones físicas y particularmente del clima del trópico. La misión de aquel geólogo y de sus compañeros venezolanos, no solamente consistió en el estudio geológico, sino en el levantamiento de las primeras cartas geográficas de la zona, por lo cual debió organizar excursiones fluviales y terrestres casi permanentemente, en una de las cuales supuestamente ocurrió el fortuito encuentro con el "simio".

A mediados de 1918, fue enviado a Caracas por razones de salud. Pasó un corto lapso en Los Teques y de allí regresó al Zulia. Ese mismo año realizó una travesía desde Encontrados a San Cristóbal y de allí hasta Pamplona –Colombia–, pasando las poblaciones de Colón, Lobatera, Borota, Palmira, Táriba, San Antonio, Cúcuta (Colombia), Chinácota, Málaga y Salazar; también trasmonta los páramos andinos en su regreso a la ciudad de Mérida por la vía de Bailadores. Para 1919 se habían publicado varios de sus trabajos geológicos en Suiza (de Loys, 1915, 1916, 1918a, 1918c, 1919a), además de haber escrito tres informes sobre la geología de la región del Río Tarra que quedaron inéditos (de Loys, 1918b, 1919b, de Loys & Dagenais, 1918). El último documento aún no se ha localizado.

En marzo de 1920 se trasladó nuevamente a Maracaibo para recuperarse de fiebre y disentería amibiana contraídas en la región del Tarra. Es posible que fuera remitido a Maracaibo por el médico de campo Enrique Tejera, quien tenía sólidos conocimientos sobre enfermedades tropicales como fiebre amarilla (Tejera, 1919a, 1919b, 1919c) y disentería amibiana (Tejera, 1917a, 1917b). Para ese entonces a de Loys ya le habían ofrecido otro trabajo en Argelia. El 17 de mayo de 1920 se embarca en Maracaibo con destino a Holanda (de Loys, 1930). Los directorios de la Sociedad Geológica de Suiza de 1920 a 1923 indican su residencia en Durigny (Suiza), pero en las listas publicadas en 1926 y posteriormente, ya no aparece su nombre. El 2 de marzo de 1921, aparece una breve nota en el *Journal de Gèneve* de Eugène Pittard (1921), quien fuera fundador del Musée ethnographique de Gèneve, indicando que el geólogo F. de Loys, retornó de Suramérica señalando la existencia de un mono de gran tamaño, posiblemente una nueva especie. De Loys también donó al museo varios objetos etnológicos de los indígenas Barí (entonces llamados "Motilones") y piezas arqueológicos de los Andes de Venezuela que él mismo había recuperado (Pittard, 1922; Wassén, 1934). En ese período trabajó en el norte de África y en los países balcánicos. Alrededor de 1923 se trasladó a realizar exploraciones petroleras en la frontera entre México y los Estados Unidos. En 1924 se encontraba en San Antonio, Texas, en donde celebró su boda el primero de marzo con Winifred S. G. Taylor (Londres, 24-ix-1896–Los Ángeles, 10-v-1936). Al finalizar su contrato con la Bataafsche regresó a Londres. Allí es empleado en 1926 como asesor geológico de la Turkish Petroleum Company para trabajar en la primera perforación profunda en Irak. Durante su estancia en ese país es nombrado jefe de geólogos en un área que posteriormente se descubriría como una de las zonas petrolíferas más ricas del mundo.

El 23 de mayo de 1928 fue electo Fellow de la Geological Society of London. Entre 1926 y 1928 François de Loys se habría convertido en un individuo importante dentro de la Turkish Petroleum Company y habría establecido relaciones con numerosas personalidades europeas (Gagnebin,1935). En 1928 se publicó su *Monographie géologique de la Dent du Midi* (de Loys, 1928). En 1934, justo un año antes de su muerte publica su obra final, la *Flle. 8* del *Atlas géologique suisse*, (de Loys *et al.*, 1934). Estando en Irak, de Loys contrajo sífilis, y al empeorar su condición física se vio obligado a regresar a Lausanne, donde falleció el 16 de octubre de 1935 a la edad de 43 años y sin dejar descendencia. Sus restos fueron inhumados en el cementerio de l'Ecublens de Suiza. El Dr. Elie Gagnebin de la Universidad de Lausanne, quien fue uno de los profesores más influyentes en la carrera de F. de Loys, se refirió a su pupilo en los mejores términos, destacando que como profesional tuvo la fortuna de verse involucrado en los momentos decisivos de la "época dorada" de las exploraciones petroleras en las áreas más productivas del mundo (Blakey, 1991).

George Montandon (1879-1944 o 1961)

Hijo de padres franceses emigrados a Suiza, nace el 19 de abril de 1879 en Cortalloid, en el cantón de Neuchâtel, Suiza. *George*-Alexis *Montandon* (Fig. 2) se inscribe en las Facultades de Medicina de Ginebra, Zurich y Lausanne donde obtiene el título de Médico del Estado en 1906, y se gradúa de Doctor en Medicina en 1908. En 1909 realiza cursos de malaria tropical en Hamburgo. Allí planifica su expedición a Etiopía, la cual es motivo de su primer libro de viajes (Montandon, 1913). Al regresar, ejerce como médico en Lausanne, donde se acrecenta su interés particular en la antropología (Knobel, 1988). Sirve como médico voluntario en la Primera Guerra Mundial, y luego, entre marzo de 1919 y junio de 1921 parte como jefe de una misión de la Cruz Roja de Ginebra a Siberia Oriental donde conoce y se casa en Vladivostok, con Marie Zviaghina con quien tuvo dos hijos (Mazet, 1999). Entres sus funciones estuvo el organizar la repatriación de prisioneros de guerra, pero además realiza trabajos de craneometría con la etnia Ainú durante su estadía en Japón (Montandon, 1926a, 1929h; Durand, 1984; Morger, 2000: com. pers.). Hasta este momento él era un bolchevique militante, miembro del Partido Comunista de Laussanne y aparentemente contratado por los servicios secretos soviéticos. Para 1923, Montandon era un militante de la Ligue suisse pour la défense des indigènes que era una institución interesada en los fortalecer los derechos humanos (Mazet, 1999).

Hasta 1925 ejerce como médico en Lausanne, cuando se muda a París a formar parte del Laboratorio de Antropología del Muséum National d'Histoire Naturelle, en el cual ya había establecido relaciones con Paul Rivet, –etnólogo de excelente reputación, militante antifacista y antirracista (Jamin, 1989)–, desde 1918 (Montandon, 1929h: 271). Casi seguramente fue en Lausanne donde conoció a F. de Loys. En 1926, se declara abiertamente como antijudío (Montandon, 1926b). Del viaje a Asia surge su obra mejor conocida, *Au pays des Aïnou. Exploration anthropologique* (1927). En este trabajo firma como miembro de la Société de Geographie, institución que para entonces, a diferencia de la Société de Anthropologie de París, aceptaba la ideas de "inegalité des races" [desigualdad de las razas] con una "interprétation utilitaire, mercantile, ou politique" [interpretación utilitaria, mercantilista o política] de la antropología en favor del colonialismo (Ducros, 1997: 324). Posteriormente publica su libro *L'ologenese humaine (Ologénisme)* (1928), seguido de numerosos artículos sobre el *Ameranthropoides loysi* (Montandon, 1929a, 1929b, 1929c, 1929d, 1929f, 1929g), y de una versión condensada de la *L'ologenese humaine* aparecida en 1929 (Montandon, 1929e). Entre 1931 y 1933, es profesor de etnología en escuelas públicas y privadas (Knobel, 1988). En 1933, publica su *La race, les races. Mise au point d'ethnologie somatique* (Montandon, 1933), donde continua desarrollando sus ideas racistas (Knobel, 1988). Al referirse a su idea de hologenismo (hologénesis humana), expresa que "si nous rallions à l'ologenese, ce n'est pas que nous y vyions la vérité absolue, mais l'hypothese qui est à base rend compte de faits multiples, tant dans la domaine biologique général que dans le domaine de la raciologie humaine" [si nos adherimos a la hologénesis, no es que veamos en ella la verdad absoluta, pero la hipótesis subyacente reseña diversos acontecimiento tanto en el ámbito de la biología general así como en el ámbito de la raciología humana]" (Montandon, 1933: 95). En 1934, aparece su obra

L'ologénesè culturelle... (Montandon, 1934) y en 1935 publica *L'ethnie française* (Montandon, 1935), donde refiere la existencia de una etnia francesa en Canadá, Suiza, Bélgica y Francia, que distingue de otras por la lengua. La ideología de Montandon se nutrió del racismo nacionalsocialista y a su vez influyó sobre la radicalización del mismo. En 1938, a propósito de la obra de Montandon (1935), el nazi Hans K. F. Günther, quien apoyaba la idea de castrar o matar a los hombre judíos, y cortar las extremidades de las narices de las mujeres, consideró adecuadas las ideas antisemitas del autor suizo sobre la "solución" de lo que ellos llamaron la "cuestión judía" (Knobel, 1988). Montandon fue contratado por Louis Darquier de Pellepoix como "teorizador racial" (Ryan 1996), y siendo "experto científico" y miembro de la directoría junto con René Martial del Commisariat Général aux Question Juives trabajó para justificar "científicamente" al régimen pro-Nazi de Vichy, presidido por Henri Philipe Pétain (Billig 1974, Wellers 1982, Leonard, 1985, Jackson 2001, Rayski 2005). Ante esta aceptación nos dice Billig (1974: 189), que el racismo antijudio y antisemita de G. Montandon, permitió "exprimir" el nazismo entendido como "Volkstum [nacionalista]", que servía para la justificación de medidas raciales. Es decir, G. Montandon fue en Francia un impulsor de la biopolítica nazi instaurada en Alemania, cuyas terribles "bases científicas" son discutidas en Stein (1988) y Wolpoff & Caspari (1997: 136).

Las obras de G. Montandon, cargadas por el racismo antisemita radical, sirvieron de base teórica para otorgar los llamados "certificados de no-pertenencia a la raza judía" (Knobel, 1988: 111). La radicalización de sus ideas racistas, le llevó a asumir la peor y más terrible posición, calificando a los judíos de "ethnie putaine [etnia prostituta]" (Montandon, 1939b). Su postura ultrarracista llega a los extremos de la megalomanía, llegando a considerarse él mismo el autor original de las despreciables ideas nazis de Adolf Hitler: "Prétendre à ce propos que obéis à des suggestions hitlériennes est un non-sens. C'est plutôt Hitler quis s'est saisi des miennes – les réalisant en pleine guerre et sans accords réciproques" [Pretender en este sentido que se obece a sugerencia hitlerianas es un absurdo. Es más bien Hitler quien ha tomado las (sugerencias) mías –ejecutándolas en plena guerra y sin acuerdo recíproco] (Knobel, 1988: 110). A esto replica con indignación P. E. Gaude (1940: 3): "Comme le docteur Montandon fait suivre, dans la revue raciste germano-italienne, sa signure de son titre de profesour à l'Ecole de Anthropologie de Paris, la presse allemande cherche à faire croire que ses élucubrations, disons polémiques, représentent la penseé scientifique française" [como el doctor Montandon dio a entender en la revista racista germano-italiana, la cual firma con su título de profesor de la Escuela de Antropología de París, la prensa alemana intenta hacer creer que sus elucubraciones a modo de polémicas, representan el pensamiento científico francés]. Lamentable y tristemente, las ideas de G. Montandon calaron, al tener audiencia dentro del gran público (Breton, 1981: 5; Singer, 1997).

Para 1940, la "notion de race pure, ou de race originelle [noción de raza pura o de raza original]", que había sido previamente abandonada en Francia, es retomada como bandera por G. Montandon (Ducros, 1997: 323), quien publica su *Comment reconnaître et expliquer le Juif?* (Montandon, 1940). En 1943, un año antes de su desaparición física, publica lo que parece ser su último libro, *L'Homme préhistorique et les préhumains* (1943). El mismo año dona a los estudiantes de medicina una copia traducida del *Manual d'eugénique et d'hérédité humaine* escrita por el nazi Otmar von Verschuer, director del Instituto Antropológico de Berlin (Mazet, 1999). Para 1944, Montandon continúa colaborando con los ocupantes nazis en Francia (Fig. 3) y fue propuesto como uno de los principales participantes en el congreso anti-semita de Cracovia organizado por el Ministerio de Propaganda de Hitler junto con la mayoria de los líderes anti-semitas europeos de entonces (Weinreich 1946).

De acuerdo a Knobel (1988, 1999) y confirmado por Azaria (2004: pers. comm.), George Montandon muere el 3 de agosto de 1944 a las 8 de la mañana, de un disparo en la cabeza (Knobel, 1988:112). En respuesta a una carta escrita por uno de los autores (Á.L.V.), el Dr. Alain Froment de la Sociedad de Antropología de París, comunica: "It took me some time to get more information about the request concerning Georges [sic] Montandon. The result is quite disappointing. I met Montandon's daughter who confirmed what her brother already told me: there are no familial [sic] archives, because Montandon's house in Paris was completely destroyed in 1944. You have to know that during German occupation, Montandon turned to be an active collaborator of the Nazis, and a virulent antisemit. That is why he was severely wounded (and his wife) by a comando of the French Resistance. Montandon eventually died in Germany the same year... Even his obituary was not published in the Bulletins." [Me tomó algo de tiempo obtener más información sobre la solicitud concerniente a Georges [sic] Montandon. El resultado es algo desalentador. Me reuní con la hija de Montandon, quien me confirmó lo que su hermano ya me había dicho: no existen archivos familiares, porque la casa de Montandon fue completamente destruida en 1944. Usted debe saber que durante la ocupación alemana, Montandon se volvió un activo colaborador de los nazis, y un virulento antisemita. Eso explica porque fue severamente herido (al igual que su esposa) por un comando de la Resistencia francesa. Montandon eventualmente murió en Alemania ese mismo año... Ni siquiera, su obituario fue publicado en los Boletines] (Froment, 1998: com. pers.). Por otra parte, Singer (1997) localizó un certificado de defunción de G. Montandon quien aparentemente murió en el Hospital de Lariboisière (Francia). Sin embargo, el mismo autor sugiere que aparentemente escapó a Alemania el 15 de agosto de 1944. Aun más, Singer (1997) también indica que Montandon murió en el Hospital Karl Weinrich el 4 de septiembre de 1961 en Fulda, provincia de Hesse, Alemania. En una nota biográfica de un diccionario enciclopédico posterior a la fecha de la presunta muerte de Montandon, aparece la siguiente referencia sobre el médico suizo nació en 1879, sin indicar la fecha de fallecimiento (Anónimo, 1952a), lo cual aunado a la sutil pero consistente diferencia entre las versiones de Knobel, Singer y Froment hace dudar sobre el paradero del personaje luego de los acontecimientos de 1944.

Finalmente puede considerarse a Montandon como uno de los principales divulgadores extranjeros de la teoría de la hologénesis que propuso y desarrolló el prominente helmintólogo turinés Daniele Rosa (1918). La hologénesis es básicamente una teoría evolutiva, que se introdujo como alternativa al neodarwinismo furibundo que asaltó el pensamiento biológico occidental a partir de la segunda década del siglo XX. Rosa consideraba que la selección natural no determinaba el proceso evolutivo de las especies sino que aquellas tenían una longevidad "programada" determinada por procesos ortogenéticos y que al alcanzar la "madurez" en un lapso de tiempo las poblaciones de determinadas especies se escindían para dar origen a dos y solamente dos especies distintas, nuevas y jóvenes, proceso éste que ocurría sin la intervención de los factores ambientales. De esta manera Rosa introdujo una noción bastante clara y explícita de la dicotomía estricta en el pensamiento evolutivo. Por otra parte, la hologénesis deja claro según este postulado que las especies no se originan en un solo punto geográfico (centro de origen, *sensu* Darwin), sino que pueden emerger simultáneamente en áreas extensas e incluso discontínuas. Así se ofrecía una explicación al problema de las distribuciones disyuntas extremas de algunos seres vivos a la vez que se proporcionaba por primera vez la noción de paralelismo evolutivo. Montandon asimiló rápidamente la hologénesis como paradigma y aplicó sus principios al problema de la evolución humana, lo cual le sirvió para argumentar que las "razas humanas" habrían aparecido simultáneamente en distintas regiones del mundo y que por lo tanto no todas tenían un ancestro común (el hologenismo). Ningún modelo evolutivo de los propuestos hasta entonces se habría prestado mejor para explotar todo tipo de argumentos racistas. La teoría de la hologénesis le permitía a Montandon afirmar que los "tipos raciales" humanos eran, en verdad, especies distintas, y establecer escalas arbitrarias de inferioridad y superioridad de acuerdo a sus prejuicios ideológicos pro-nazi. La obra de Rosa fue ampliamente conocida en los círculos primatológicos y antropológicos de los 1920s a través de publicaciones como el *Giornale per la morfologia dell'uomo e dei primati* (Issel, 1919). Si bien, hoy en día, se mira como una curiosidad histórica, a pesar de que sin que se le hayan dado los créditos, constituye la obra precursora que más se asemeja al pensamiento evolutivo moderno, en particular la cladística y biogeografía (ej. Willi Hennig y Léon Croizat).

Enrique Tejera (1899-1980)

Nació en Valencia, Venezuela, el 5 de noviembre de 1899. Fue hijo de un abogado y juez, Enrique Tejera –padre–, y Carmen Guevara Zuloaga. Desde niño, *Enrique* Guillermo *Tejera* Guevara (Fig. 2), mostraba un gran interés por la medicina y las ciencias naturales, además de la política, llegando a publicar su primer artículo médico a la temprana edad de 14 años (Tejera, 1913). Siendo un dirigente estudiantil tuvo que exilarse por breve tiempo fuera de Venezuela, al ser un perseguido político del otrora dictador venezolano Juan Vicente Gómez. El destino escogido fue Francia, y su ciudad de residencia París (Tejera-París, 1997). Estando allá en 1914, durante la Primera Guerra Mundial, trabajó en una ambulancia de las tropas francesas en África. Luego de su regreso se gradúa en medicina en la Universidad Central de Venezuela en 1917, para recibir posteriormente el título de Médico Colonial Francés (de Jesús-Díaz & Martín, 1982). Para entonces, Tejera mantenía estrechas relaciones con la Cruz Roja Internacional, tanto, que asiste a la reunión de esta institución celebrada en París en 1921 y en Ginebra el mismo año. En este orden de ideas, es importante hacer notar, que durante la segunda mitad del siglo XIX y la primera del siglo XX, en los círculos académicos de Venezuela, el idioma francés era el más difundido. La ciencia francesa era muy estudiada en Venezuela, sobre todo por los médicos, de ello se destaca por ejemplo, la obra pionera en antropología física del médico venezolano Gaspar Marcano (1889).

Al regresar a Venezuela, Tejera asiste al Segundo Congreso Venezolano de Medicina celebrado entre el 18 y 23 de enero de 1917 en Maracaibo (Tejera, 1917). En ese mismo año, comienza a ejercer como médico de campo contratado por la Caribbean Petroleum Company para trabajar en el sur del Lago de Maracaibo, en Perijá y en Mene Grande (Fig. 1; Tabla 1). Es en el laboratorio de la compañía petrolera, donde realizaría experimentos sobre enfermedades tropicales y epidemiología, escribiendo una notable cantidad de trabajos (Tejera, 1917a, 1917b, 1917c, 1918a, 1918b, 1919a, 1919b, 1919c, 1920a, 1920b, 1920c), allí mismo, en una zona que ha despertado gran interés científico, como se refleja en la bibliografía científica de la Sierra de Perijá compilada por Viloria (1997). Allí seguramente conocería al geólogo François de Loys y en principio coincidirían en varios lugares de trabajo (Tabla 1). Entre 1919 y 1922, labora en el Instituto Pasteur de París con el Dr. Brumpt (Tejera-París, 1994). Junto con los médicos venezolanos D. Rísquez y B. Perdomo Hurtado, forma la delegación venezolana que participó en la celebración del Centenario de la Academia de Medicina de París llevada a cabo en la capital francesa en diciembre de 1921. Luego en 1924, fue nombrado director del Laboratorio de Microbiología del entonces Ministerio de Sanidad Nacional, donde ejerció como epidemiólogo. En 1929 viaja de nuevo a París con su familia, tomando unos pocos días para asistir a un congreso en Egipto (Tejera-París, 1994). Para el 8 de junio de 1929 se encuentra en su tierra natal, Valencia, Venezuela, lo que hace suponer que estuvo en París sólo durante los primeros meses de 1929 (Tejera-París, 1994). En 1935, es electo presidente de la Cruz Roja Venezolana.

A comienzos de 1936, es nombrado Ministro de Sanidad, Agricultura y Cría, para luego ser enviado como Ministro Plenipotenciario –Embajador– en Bélgica entre 1936 y 1938. Para 1939, fue nombrado Ministro de Educación, y entre 1943 y 1945 Ministro Plenipotenciario en Paraguay y Uruguay. En este último año es nombrado Presidente –gobernador– de su estado natal, Carabobo, siendo este su último cargo político. Posteriormente se dedica a actividades académicas, ejerce la Cátedra de Patología Tropical, en laboratorios de Venezuela y Estados Unidos, donde realiza más de 32.500 cultivos de hongos a fin de buscar nuevos antibióticos contra enfermedades tropicales. En 1949, fue nombrado presidente de la Confederación Médica Panamericana en Lima, luego de asistir a gran cantidad de eventos y congresos internacionales, desde El Cairo hasta Buenos Aires y Lausanne. Es posiblemente en el ámbito del estudio de enfermedades tropicales en Hamburgo o como miembro activo de la Cruz Roja, que E. Tejera llegó a conocer a G. Montandon, y es evidente, como se destacará posteriormente, que tampoco le fueron desconocidos los ideales racistas del médico suizo.

Por su larga trayectoria, donde hay que resaltar la publicación de numerosas investigaciones sobre medicina tropical, recibe muchas distinciones. Entre estas últimas se destacan la Orden del Libertador de Venezuela, la Medalla Noch del Instituto de Medicina Tropical de Hamburgo en Alemania, el Gran Cordón de la Orden del Cóndor de Los Andes de Bolivia y el Gran Cordón de la Orden de la Corona de Bélgica, además de haber sido nombrado Caballero de la Legión de Honor de Francia (Sáenz de la Calzada, 1953). Enrique Tejera Guevara muere en Caracas, el 28 de noviembre de 1980, a la edad de 82 años.

3. El desarrollo de la controversia

El "descubrimiento" del "simio" de F. de Loys

No se conoce la fecha exacta –aunque probablemente se ubique entre agosto de 1917 y noviembre de 1918 (Viloria *et al.*, 1998)–, en la que François de Loys acompañado de un grupo de venezolanos que lo asistía en un trabajo exploratorio en un afluente del alto Río Tarra, presuntamente presenció mientras tomaba un descanso, cómo una pareja de animales a quienes tomó inicialmente por osos, se acercaron agresivamente a su grupo explorador arrojando ramas y excremento. Relata de Loys (1929), que ante la sorpresiva visita, el grupo explorador respondió disparando sus rifles, matando instantáneamente al animal que se había aproximado más, mientras que el otro huía herido hacia el bosque. Según relata F. de Loys, ninguno de los presentes había visto anteriormente en la región un animal tan corpulento como aquel, el cual resultó ser un "simio" de proporciones extraordinarias. El geólogo dice haber examinado el cadáver, determinando que se trataba de una hembra, de 1,57 cm de estatura, desprovista de cola; presentaba 32 dientes, y tenía un peso estimado por encima de 50 kg, caracteres que no corresponderían a ningún primate conocido en el continente americano. La mona fue sentada sobre una caja de madera apoyada sobre un banco de arena al lado del río, y soportada por una vara bajo el mentón, y así se fotografió. Posteriormente fue desollada. Su piel y cráneo presuntamente se guardaron, pero se perdieron en una serie de accidentes sufridos por la expedición en los días posteriores. Según asevera Montandon (1929g: 184), que "de Loys le confia-au «cuisinier» de l'expédition. Celui-ci le convertit en réservoir à sel. Mais l'humidité et la chaleur produisirent une dissolution qui en fit sauter las suturas." [de Loys le confía (la piel y el cráneo) al cocinero de la expedición. Él (el cocinero) lo conservó en un recipiente con sal. Pero la humedad y el calor produjeron una disolución que hizo deshacer las suturas (del cráneo)]. El Dr. de Loys supuestamente informó en una carta a su madre de este incidente, y como se indicó anteriormente proporcionó un reporte temprano del descubrimiento de un primate de gran tamaño (Pittard, 1921).

Un segundo artículo de F. de Loys, prácticamente desconocido (de Loys, 1929b), fue publicado en la revista dominical de *The Washington Post* (Apéndice B). Aquí escribió sobre las ideas hologenéticas de Montandon, relató lo que podría considerarse así como una historia exagerada y dramática del "descubrimiento". Finalmente, la única evidencia que quedó del animal fue la fotografía mencionada (Fig. 4), la cual fue exhibida en el Musée de l'Homme de París (Hershkovitz, 1960; Tejera, 1962).

Francia 1929: Se describe
el *Ameranthropoides loysi*

Luego de más de 10 años del presunto "descubrimiento", el 11 de marzo de 1929, George Montandon, presentó una comunicación ante la Academia de Ciencias de París, la cual fue leída por uno de sus miembros, el zoólogo Eugene Bouvier (Montandon, 1929a, Fig. 5). Tal documento participaba acerca del singular "descubrimiento" antropológico-zoológico de François de Loys en Venezuela, mencionando la fotografía, la cual no se reprodujo, y llamando la atención sobre la talla del animal, tomando como referencia la caja sobre la cual fue fotografiada –aparentemente un modelo estándar de 45 cm de altura–; la ausencia de cola y la fórmula dentaria particular. Los dos últimos caracteres eran imposibles de considerar a partir del documento gráfico aludido (Fig. 4). Finalmente, G. Montandon consideró el "hiperdesarrollo" del clítoris en el espécimen como una característica que reservaba la posibilidad de que el animal fuera una nueva especie de mono araña del género *Ateles*. No obstante, en base a "caracteres tan distintivos" como la ausencia de cola y el número de dientes, erigió la familia Ameranthropoidæ con un sólo representante, *Ameranthropoides loysi* o *Amer-anthropoides Loysi* (Montandon, 1929a). G. Montandon envió esta nota y otras versiones de la misma a varias revistas, algunas divulgativas como *La Nature* o estrictamente científicas como el *Comptes redus hebdomadaires des séances de l'Académie des Sciences* (Montandon, 1929a, 1929b, 1929c, 1929d, 1929f, 1929g), captando rápidamente la atención de la comunidad académica europea, y muy especialmente la antropológica. El artículo definitivo que aporta detalles del "descubrimiento" y sus implicaciones fue publicado en el *Journal de la Sociéte des Americanistes*.

En los meses de abril a julio de 1929, aparecieron publicados diversos comentarios referentes a la hipotética presencia del "nuevo" primate en Sudamérica, algunos firmados por prominentes científicos franceses. Entre ellos, se encontraba F. Honoré (1929: 451), quien en *L'Illustration* el 13 de abril de ese año, hace un resumen del "descubrimiento" del *Ameranthropoides*, mostrando la fotografía retocada del órgano sexual, como se esperaba para una revista popular familiar de la época (Fig. 6), y un mapa mostrando el poblamiento del mundo de acuerdo con la teoría hologenética (Fig. 7). Sugiere la pertinencia de una expedición en busca del "antropoide" por parte del American Museum of Natural History de Nueva York, considerando los recursos que, según él, poseían. Además de poder tener el soporte de Harold Coolidge quien era un conocido cazador de primates.

Luego, el 11 de mayo, Leónce Joleaud escribe sobre el "simio" admitiendo que tiene características similares a las de los monos arañas, sin embargo concluye su revisión diciendo que al igual que "Gibbons et aux Atèles, hôtes parfaitement adaptés aux conditions de vie des forêst tropicales de l'Inde et de l'Amerique du Sud, se lieraient, comme terme final d'evolution, le Pithécanthrope et l'Améranthropoïde" [Gibones y Ateles son huéspedes perfectamente adaptados a las condiciones de vida de los bosques tropicales de la India y América del Sur, se enlazarían como destino final evolutivo, el Pithecanthropus y el Ameranthropoide] (Joleaud, 1929: 273). El segundo artículo sobre el *Ameranthropoides* escrito por Montandon aparece publicado en abril, y es sólo una reproducción del primero (Montandon, 1929b). El 11 de mayo escribe una nota sobre el supuesto simio, pero de corte divulgativo (Montandon, 1929c). Cuatro días después aparece un escrito publicado en un medio de gran difusión, en éste se reproduce la fotografía del supuesto simio, y concluye señalando que este "antropoide" sustenta su teoría del hologenismo (hologénesis humana) (Montandon, 1929d).

El 15 de junio de ese año, François de Loys (1929), en acuerdo con G. Montandon, publica la noticia del "simio suramericano" en una revista londinense, la *Illustrated London News* (Fig. 8). En esta nota presentó básicamente información sobre el contexto del "descubrimiento" del supuesto animal, además de comentar algunas ideas propias de Montandon sobre la hologénesis humana. Al poco tiempo, aparece una nota de Montandon, aclarando que la estatura de 1,35 m citada para el *A. loysi* en el primer artículo (Montandon, 1929a) es errónea y que la verdadera estatura del animal fue de 1.57 m (Montandon, 1929c, 1929d, 1929f). El error de estimación fue atribuido a una comunicación descuidada de su "descubridor", F de Loys. Puede destacarse que esta enmienda de la talla debió ser hecha posteriormente, aunque probablemente antes de que fuera enviado a la imprenta el artículo que apareció en la revista *L'Anthropologie*, órgano del Institut Français de Anthropologie (IFA) (Montandon, 1929f). Esto ha debido ser de esta manera puesto que en la sesión del IFA donde Montandon comunicó su trabajo se realizó el 20 de marzo de 1929, casi tres meses antes de la publicación del artículo de de Loys (1929). Como curiosidad cabría mencionar que en aquella sesión del IFA, se encontraba como invitado el Dr. Wolfgang Köhler, quien era una autoridad reconocida y pionero en las investigaciones sobre el comportamiento del chimpancé. Köhler, había trabajado en la estación alemana de antropoides de Tenerife, Islas Canarias, España (Glaser, 1996; Mitchel, 1999), entre 1913 y 1917, donde recopiló información para su libro *The mentality of apes* (Köhler, 1925).

El primero de julio, Georges Bohn (1929) se refiere al *Ameranthropoides loysi* como un "hallazgo sensacional", como un nuevo pariente del hombre. El experto en mamíferos E. Bourdelle (1929), escribe en julio, un ensayo sobre el "nuevo simio americano". Comienza su discusión aludiendo a la historia de una llamada *Femme-Singe* [mujer-mono], "capturada" por los indígenas de Kivu del entonces Congo Belga. El animal en cuestión era una "créature mi-néggrese, mi-guenon, serait âgée de neuf à dix ans, mesurait 1 m. 55 de taille et pessait 54 kilogrammes" [una criatura mitad negra (refiere a una mujer africana), mitad guenón, que tendría una edad entre nueve y diez años, mediría 1,55 m de altura y pesaría 54 kilogramos] (Bourdelle, 1929: 252). Esta criatura como indica el autor, fue propiedad de M. W. A. King de Brownville, Texas, y considerando la localidad de Kivu pudo tratarse de un chimpancé (*Pan trogodytes*) (Wolfheim, 1983: 715-716). Se observa como curiosamente este supuesto primate presenta características muy similares –casi idénticas– a las descritas para el *Ameranthropoides loysi*. El mismo G. Montandon también llega al extremo de aseverar que su animal pudo ser el producto de una hibridación entre una mujer indígena y un *Ateles* (Montandon, 1929g: 192). Bourdelle (1929) termina su ensayo aceptando la posible existencia del primate americano, pero sugiere prudencia antes de realizar cualquier clasificación definitiva del mismo.

Hasta los cometarios de Bourdelle (1929), en Francia todos coincidieron en aceptar de una u otra manera la existencia de tal "simio". En un contexto popular, por ejemplo, el 24 de julio, el arqueólogo Salomon Reinach le escribio a su famosa amante francesa Liane de Pougy indicando sus impresiones del nuevo "descubrimiento", y particularmente sobre la autenticidad de la fotografía (Jacob y Reinach, 1980: 82). Para entonces, todas las conjeturas habían sido publicadas en Francia, a excepción de de Loys (1929), y por tanto permanecían del dominio intelectual de la comunidad científica francófona. La única información sobre el "descubrimiento" publicada en otro país, casi paralelamente con los artículos franceses antes mencionados, fue una nota anónima aparecida en julio en Alemania (Anónimo, 1929a), reseñando la información aportada por G. Montandon.

La primera crítica en contra de la presunta identidad de tal animal se publicó en agosto de 1929, se trata de una nota firmada por Sir Arthur Keith, influyente miembro del Royal Anthropological Institute de Gran Bretaña e Irlanda y de la Royal Society. Este antropólogo califica el asunto como un fraude en las tres primeras líneas de su artículo. Keith (1929) hace comentarios sobre la estatura del primate y concluye por la fotografía de que se trata de un mono araña grande. Keith conocía con anterioridad al autor suizo, ya que este último le había hecho consultas sobre los cráneos Ainú conservados en el Royal College of Surgeons (Montandon, 1929h: 271).

El 2 de agosto de 1929, la discusión se hace pública en Alemania. Remane (1929a), anuncia que hasta el momento el registro fósil, sólo había dado el reporte de simios en Norteamérica [se refería al diente fósil que se llamó *Hesperopithecus haroldcoockii* Osborn y que resultó pertenecer no a un simio sino a un jabalí (Boule & Vallois, 1957: 87; Lewin, 1987: 54-55)]. Coincidentalmente, este otro "simio" de las Américas fue popularmente anunciado en el *Illustrated London News* (Elliot-Smith, 1922) igual como pasó con el *Ameranthropoides*. Remane (1929) resume lo presentado por Montandon, de Loys y Joleaud. En una segunda nota de este autor, al reanalizar los trabajos de Montandon (1929c, 1929f, 1929g) y Joleaud (1929), concluye tajantemente que, "daß es sich hier klar nur einen Platirrihinen ohne jede Beziehung zu den Anthropoiden handeln kann." [lo que esta aquí claro es un platirrino, incomparable con cualquier referencia a un antropoide] (Remane, 1929b: 215). Luego, el 30 de agosto, la Dra. Stephanie Oppenheim (1929: 689), conocida antropóloga física, publica una nota donde realiza esquema de comparación de proporciones corporales de un *Cebus libidinosus*, el *Ameranthropoides loysi*, un *Ateles hybridus* y un *Pan troglodites*. El resultado fue que sólo podría tratarse de un nuevo primate, que como ella destaca, es contrario a lo planteado por A. Remane (1929b), autor con el cual ya había publicado en conjunto un trabajo sobre morfología de primates (Oppenheim *et al.*, 1927). El esquema comparativo hecho por Oppenheim (1929) fue utilizado por Montandon (1930a: 445) en la argumentación para defender la veracidad de su *A. loysi*, pero también agregó otro realizado a partir del publicado por S. Oppenheim, comparando al *Ameranthropoides* con el chimpancé y el hombre africano (Fig. 9).

Curiosamente, el segundo artículo de Remane (1929b) no aparece en la lista de trabajos sobre *A. loysi* que publicaron Bayle & Montandon (1929). La existencia de esta nota debió haber sido del conocimiento de ambos autores, ya que ésta es a la que se refiere Oppenheim (1929), cuya citación aparece en la revisión bibliográfica que ellos hicieron, lo que pareciera indicar que la omisión fue voluntaria y deliberada. G. Montandon (1929g) escribe el trabajo más extenso y revelador sobre el *A. loysi* para el *Journal de la Société des Américanistes*, el cual había sido considerado en la sesión que esa sociedad celebró el 9 de abril de ese mismo año (Capitan, 1929: 267).

Dos noticias escritas en inglés se publican en Gran Bretaña bajo el anonimato (Anónimo, 1929b, 1929c), bien por no tener una posición crítica explícita y coincidente con la planteada por Sir Arthur Keith, o porque sencillamente en la revista que aparecieron (*Nature*) el anonimato era la usanza en aquel momento. Ambos artículos reseñaban lo planteado por Montandon (1929c, 1929g) y Joleaud (1929). En la colección de control que se conserva en los archivos de la revista *Nature*, se encontraron los nombres manuscritos de Sir J. Ritchie para el primer artículo (Anónimo, 1929b) y de E. N. Fallaize para el segundo (Anónimo, 1929c), ninguno de los dos era especialista y posiblemente se dedicaban exclusivamente a labores editoriales (Lincoln, 2000: com. pers.).

Por otra parte, Francis Ashley-Montagu, entonces curador de antropología del Wellcome Institute of History en Londres, se comunicó con F. de Loys, quien le proporcionó una copia de la fotografía (Fig. 4) para un examen minucioso. Pudo elaborar así un trabajo que fue publicado en septiembre de 1929 en la revista divulgativa norteamericana *The Scientific Monthly* y no en un medio más formal, allí se identifica como representante del Royal Anthropological Institute (RAI), lo cual no parece ser cierto, toda vez que su nombre no consta en las listas de miembros de tal institución. El Dr. Montagu, si bien concurrió en la opinión de que el *Ameranthropoides* parecía ser más bien un miembro del género *Ateles*, no desdeñó por completo el testimonio de de Loys y aconsejó evaluar las evidencias con cautela antes de emitir cualquier otro juicio definitivo.

Montagu había enviado un manuscrito sobre la evolución humana y los társidos el 10 de febrero de 1929 para ser publicado en *Journal of the Royal Anthropological Institute of Great Britain and Ireland*, la revista científica del RAI; el cual fue leído por el propio A. Keith el 13 de marzo, pero en el libro de minutas del Consejo del Royal Anthropological Institute, –del cual, repetimos, Montagu no aparece como miembro– puede leerse que el 28 de mayo de 1929 "it was resolved to suspend publication of Dr. Montagu's paper until further consideration" [se resuelve suspender la publicación del manuscrito del Dr. Montagu hasta una consideración ulterior] (RAI, Council Minutes, 1922-43). Este trabajo sólo fue publicado en esta revista al final de los 1930s (Montangu, 1930). El artículo sobre el mono americano fue escrito en los mismos días, claramente con la intención de ser publicado en un medio como la revista *Journal of the Royal Anthropological Institute*, y pareciera lógico suponer que ante la posición del RAI en torno a los escritos de Montagu, este autor decidiera publicarlo en otra revista. Este simple hecho abre una interrogante en torno a la participación de Montagu en la comunidad de antropólogos británicos. Es probable, que el joven Montagu encontrara resistencia para pertenecer a un instituto dirigido política e intelectualmente por personalidades propias del *establishment* antropológico británico de entonces, donde Keith ya era una persona emblemática. El hecho es que en Inglaterra la única posición relativamente receptiva con respecto al *Ameranthropoides* fue la de Montagu. Además, como se indica arriba, en este país él trató de reiniciar la discusión sobre la rechazada teoría tarsioide de la evolución humana. Paradójicamente, esta idea había ya causado la partida de F. Wood-Jones para Australia donde estudió marsupiales y escribió su *Man's place among the Mammals* publicado en Londres en 1929 (Wood-Jones, 1929; Cartmill, 1982). Quizás ésta y otras razones contaron en la decisión de Montangu de emigrar en 1930 a Norteamérica, donde desarrolló una sobresaliente y prolífica carrera como antropólogo. Interesa señalar que para 1931, Sir A. Keith reactualizó sus ideas del "antagonismo racial" propuestas por él mismo en 1916 (Barkan, 1996: 286), promulgando también ideologías antisemitas (Wolpoff & Caspari, 1997: 146-147). Estas nociones racistas nunca fueron compartidas por uno de sus más destacados pupilos, F. Montagu, quien desde muy temprano asumió abiertamente una posición antirracista (ver Montagu, 1942).

En noviembre, F. de Loys (1929b) publicó un segundo artículo en una revista popular norteamericana (de Loys 1929b). Éste artículo se refiere a una historia aventuresca e idílica en las selvas de Venezuela, y sobre el "descubrimiento" del "simio", además de agregar información sobre la hologenesis humana de Montandon. Éste raro trabajo apenas fue citado luego en la primera edición del *Walker's Mammals of the World* (Walker, 1964). El año de 1929 cerró con la divulgación del "descubrimiento" en un medio hispanoparlante. Rioja (1929), reseñó ante la Real Sociedad Española de Historia Natural, la información proporcionada por Montandon (1929a, 1929c) y Jouleaud (1929), destacando las conclusiones finales del último. Igualmente, Bayle & Montandon (1929: 412) publicaron una nota sobre una crónica hispana del siglo XVIII relatada por J. Rivero, donde se aseveraba la existencia de supuestos simios de gran talla en Sudamérica. Se incluye en dicho trabajo una bibliografía cronológica de la polémica.

LA CONTROVERSIA DEL *AMERANTHROPOIDES LOYSI* SALE DE EUROPA

Poco después G. Montandon se esforzó en proporcionar un estudio más cuidadoso, enfocado desde una perspectiva más zoológica que antropológica, el cual fue publicado en una revista italiana especializada, cuyos editores eran seguidores de Daniele Rosa (Montandon, 1930a). Aquí, Montandon comparó fotográficamente la postura del *A. loysi* con dos especies de *Ateles* y con una fotografía del curador del Muséum national d'Histoire naturelle, M. Ferteux (Fig. 10). Todos los artículos publicados por Montandon en 1929, terminaban destacando la importancia del *Ameranthropoides loysi*, como sujeto antropológico. Sin embargo, en este artículo de 1930, Montandon exalta en sus conclusiones la obra teórica de Rosa. El 19 de febrero de 1930, en la sesión del Institut Français de Anthropologie, P. Lester (1930), quien para entonces fungía como Secretario del instituto, escribe que G. Montandon ha ofrecido una comunicación, donde compara físicamente al *Ameranthropoides loysi* con el *Ateles* de Bartlett del Muséum National d'Historie Naturelle. El médico suizo insistía en el tamaño del supuesto simio, según lo planteado previamente (Montandon, 1929f), el número de dientes (según Montandon, 1929g) y la ausencia de cola, para luego terminar agregando que el *Ameranthropoides loysi* equivalía en el Nuevo Mundo a lo que los simios antropomorfos representaban en el Viejo Mundo (Montandon, 1930b). En ese momento, la comunidad antropológica francesa se hallaba aparentemente, y en términos generales, convencida de la veracidad del caso. También en 1930, en el *Journal of Mammalogy*, se publicó en la sección "Recent literature [Literatura reciente]" (Anónimo, 1930), un par de citas sobre la controversia (Keith, 1929; Oppenheim, 1929).

Posteriormente, el teriólogo hispano-argentino Ángel Cabrera (1930), quien ostentaba verdadera autoridad en cuestiones relativas a la fauna neotropical en general, y primatológica en particular (Cabrera, 1900), emitió el primer juicio público desde Sudamérica sobre el supuesto simio, en base a los artículos de Montandon (1929a, 1929g) y Joleaud (1929), en la sesión del 7 de diciembre de 1929 de la Sociedad Argentina de Ciencias Naturales. Este autor comenzó reseñando la gran similitud del "simio" con los representantes del género *Ateles*. Luego sugirió tomar con cautela los datos zoológicos de viajeros, como fue el caso de François de Loys, a menos que estos estuviesen familiarizados con la investigación zoológica, por ello no le extrañó que el geólogo suizo "no le fotografiase de perfil, para demostrar un carácter tan interesante en un mono americano", como lo es la ausencia de cola, y en referencia a su gran tamaño le extraña que no hubiese colocado la carabina o algún sombrero como escala (Cabrera, 1930: 206). Continua diciendo, que "Todos los caracteres antropoideos que el doctor Montandon cree ver en esta fotografía, existen en cualquier otro mono americano del mismo grupo, no habiendo razón que justifique las comparaciones con los antropomorfos, hechas, al parecer, con el deliberado propósito de apoyar una teoría preconcebida... Pero lo que hace más sospechoso los conocimientos zoológicos de éste [G. Montandon], es la naturalidad con que admite como posible la unión fértil entre los monos platirrinos y el hombre, « entre une indienne par exemple et un átele [entre una mujer indígena, por ejemplo y un ateles] » declarando que habría considerado al primate en cuestión como el producto híbrido de este monstruoso ayuntamiento a no mediar el hecho de que fueron dos los encontrados por el doctor Loys" (Cabrera, 1930: 207). Esta cita proviene obviamente del artículo de Montandon publicado en el *Journal de la Societé des Américanistes* (1929g: 192), y como se verá posteriormente, esta precisa observación eminentemente zoológica de Á. Cabrera, no distingue las implicaciones de la noción de hibridación.

Cabrera (1930) dice que todavía considerando la información de F. de Loys como correcta, esta no aportaría información para desligar al *A. loysi* de la familia de los atelinos. Aún considerando como real la falta de cola este sería un "carácter genérico", que como atina a sugerir podría ser como "*Macaca*, sin cola, pertenece a la misma subfamilia que *Silenus*, con cola, y aun para muchos autores ambos géneros son uno sólo; y más todavía, en el mismo género *Silenus* hay especies con cola rudimentaria (*fuscatus*) o mediana (*nemestrinus*), y especies que la tienen muy larga como (*irus*)", al igual que en el caso de la veracidad de la formula dentaria, dice "suponiendo que esto no fuese un carácter de edad, como ya el propio Montandon se aventura a sospechar, desde el momento en que conocemos un Hapálido (*Callimico*) con treinta y seis dientes en lugar de treinta y dos, nada tendría de extraordinario que hubiera un cébido con treinta y dos en vez de treinta y seis" (Cabrera, 1930: 208).

El teriólogo hispano-argentino en pleno uso de su erudición sobre la fauna del neotrópico, se atreve a afirmar "que el autor [G. Montandon],... parece no estar muy familiarizado, ni con los primates, ni con la zoología general" (Cabrera, 1930: 207). En este sentido, además de la "hibridación" antes señalada, le parece curiosa la nota de pié de página que hace el médico suizo, referida a la ausencia de osos en la selva del Río Tarra, a propósito del relato hecho por de Loys (Montandon, 1929g), donde apenas es mencionado este animal. Dicha nota dice, "La forêt sud-américaine n'a pas d'ours. En utilisant ce terme, le chasseur veut exprimer l'impression ressentie au premier abord. Par ailleurs, on appelle ours, en Amérique du Sud, le grand fourmilier" [El bosque suramericano no tiene osos. Utilizando ese término (osos), el cazador quiere expresar la impresión percibida en la primera ojeada. Por otra parte se denomina oso en América del Sur al gran hormiguero]; *Tamandua mexicana*, el único oso hormiguero conocido hasta el momento en la región de Perijá y el Tarra (Linares, 1998), es un edentado y no un úrsido (Montandon, 1929g: 186). Al respecto Cabrera (1930) indica que para la región del Tamá, al sur de la Sierra de Perijá, Osgood (1912) registra al oso frontino (*Tremarctos ornatus*). Recientemente, durante una expedición espeleológica en la Sierra de Perijá por parte de la Sociedad Venezolana de Espeleología –de la cual los autores son miembros activos– se observó a corta distancia un oso frontino, totalmente deshabituado al ser humano, tanto que no huyó por su presencia (Viloria *et al.*, 1997). Igualmente, señala que el nombre *Ameranthropoides* [*sic*], es una nomenclatura válida usada así, ya que la manera como lo plasma primeramente Montandon (1929g), *Amer-anthropoïdes*, en un contexto amplio del conocimiento de la fauna general de vertebrados, técnicamente no es muy claro, ya que proporciona la "idea de afinidad" con el género de aves, *Anthropoides* (Cabrera, 1930: 207), el cual es una grulla del Viejo Mundo como *Anthropoides virgo* y *Anthropoides paradisea* (Bosque, 2000: com. pers.).

Finalmente, Ángel Cabrera después de todo admitió que el primate en cuestión debería ser una especie o a lo más un género nuevo, pero categóricamente advirtió la necesidad de evadir relaciones entre el significado de este "descubrimiento" y cualquier especulación en torno al origen del hombre en América. Terminó su artículo criticando a Jouleaud (1929) diciendo que si bien "ya hace tiempo que diversos especialistas han llamado la atención sobre las semejanzas de los grandes cébidos, y sobre todo los atelinos, ofrecen con los antropomorfos, pudiendo ser en cierto modo considerados como sus mimotipos en el Nuevo Mundo: pero estas semejanzas, resultantes de una convergencia adaptativa, no justifica que se asigne a *Ameranthropoides*, entre los platirrinos, la misma categoría que *Pithecanthropus* ocupa entre los catarrinos" (Cabrera, 1930: 209).

En la década de los 1930s el caso fue progresivamente olvidado, F. de Loys falleció en ese período y sólo unas pocas publicaciones trataron sobre la controversial historia. En 1930, el antropólogo alemán, Hans Weinert (1930) escribió sobre los principales puntos de la controversia dados por F. de Loys and Montandon. Allí indica el gran tamaño del "simio" de de Loys parecía una especie grande de *Ateles*, que debería de llamarse *Megalateles* (Tabla 2). G. Montandon escribió una reveladora carta al zóologo brasilero-italiano Cesar Sartori, una parte de la cual fue publicada en Brasil (Sartori, 1931, Apéndice C), tal como se destacará posteriormente. La nota se basa en de Loys (1929) y Montandon (1929g, 1930a), además de plasmar algunas ideas propias del autor. Por otra parte, Sartori (1931, Apéndice C) destaca el contenido de otras dos cartas enviadas por el zoólogo italiano Giuseppe Colosi, naturalista y profesor de la Universidad de Nápoles. La primera de ellas fechada el 18 de junio de 1929, donde si bien le parece interesante la existencia de dicho primate, destaca que por ser un antropoide no tiene que ser afín al hombre. Posteriormente, en una carta escrita el 25 de enero de 1930, comenta G. Colosi que no es un simio del mismo "phylum" del hombre [¡], y señala que considerando los principios de los paralelismos morfológicos, al igual que para el Viejo Mundo existen catarrinos y antropoides, igualmente pudo ocurrir entre platirrinos y el desarrollo de "formas antropoides" (Sartori, 1931). Montandon en su carta a Sartori admite el problema de asignar el taxon *Ameranthropoides loysi* a lo encontrado por de Loys, indicando que debió ser llamado *Megalateles*, aparentemente aceptando las ideas de Weinert (1930).

En una revista autodefinida como de "filosofía esotérica", Ryan (1930) proporciona una crítica desde un punto de vista creacionista contra las supuestas implicaciones del *Ameranthropoides* en la evolución del Hombre Americano. En el obituario del académico francés Louis Capitan, Peabody (1930) indica que él sugería que material paleolítico sería encontrado en el continente americano, y miró hacia las posibles implicaciones que el *Ameranthropoides* tendría para sustentar este argumento en términos de la evolución independiente en este continente. Anónimo (1930a), en una enciclopedia de gran difusión dentro del mundo hispano, ya sugiere para entonces que el *Ameranthropoides* es un platirrino. Anónimos (1930b, 1932) proporciona los principales datos sobre el "descubrimiento" del supuesto simio.

Roger Courteville, ingeniero y explorador francés conocido por ser uno de las primeras personas en cruzar Suramérica en automóvil en 1926, agregó su opinión del caso. Él escribió sobre la historia de otro "simio" descubierto en el área entre Colombia y Venezuela por el viajero canadiense Hartley Gordon (Courteville, 1931). El autor también hizo una caricatura del "simio" basado en la fotografía del *A. loysi* señalándolo como un supuesto "pithécanthrope [pitecatropo]" en América (Courteville, 1931, Fig. 11). La historia de Courteville (1931) emuló exactamente el ensayo de Montandon (1929g: 186) y de las ruinas arqueológicas mayas y crónicas hispanas usadas por Montandon para sustentar sus ideas (Montandon 1929g: 194-195). Montandon reclamó a Courteville (1931) por el plagio de su trabajo (Montandon, 1931b). En 1945, Olga Paviot de Barle (1945) continuó con la historia de Courteville, vinculando el "simio" de de Loys con un supuesto pitecantropo del Nuevo Mundo. Ella incluye en su manuscrito una fotografía retocada de *A. loysi* en una posición hilariosa en movimiento cruzando una selva, como el imaginario pitecantropo de Courteville (Fig. 12). Luego, Courteville (1951a, 1951b) reescribió su historia del "descubrimiento" atendiendo los comentarios de Montandon (1931b), cambiando la fotografía y usando la fotografía de *A. loysi* usada por Paviot de Barle (Fig. 11). En un manuscrito inédito, Courteville (1954) revela sus ideas sobre el caso. Él reta las ideas de Darwin y sugiere la posibilidad de la existencia de un pitecantropo en el Nuevo Mundo como resultado de una unión fértil entre monos e indígenas (Courteville, 1954). Este "punto evolutivo" fue resaltado por Gini (1954) en su revisión de Courteville (1951a). Heuvelmans (1951) indirectamente acepta las ideas de Courteville (1951b) en torno al *A. loysi* y el posible "hombre-mono" del Nuevo Mundo.

En la Unión Soviética, la discusión permeó el Museo Antropológico de Moscú durante los 1930s. Dos autores prevalecieron en la discusión, Mikhail Nestourkh (1932) and M. A. Gremiatsky (1933) quienes enfatizaron las implicaciones de las ideas hologenéticas de Montandon en el desarrollo del pensamiento antropológico. Nestourkh estuvo particularmente interesado en tópicos primatológicos y paleoantropológicos como los pezones supernumerarios de los primates y los nuevos homínidos de África (Nestourkh, 1936a, 1936b). Además, escribió sobre el *A. loysi* y un supuesto simio antropoide de Sumatra, el orang-pendek (Nestourkh, 1932). En este trabajo, compara una fotografía retocada del "simio" de de Loys con un *Semnopithecus thomasi* destacando sus similitudes (Fig. 13). Además, incluye un gráfico de la posición del *Ameranthropoides* como subespecie de la "gran raza Amerindia" dentro de la línea evolutiva humana (Fig. 14). Como en Honoré (1929), el órgano sexual fue retocado probablemente para complacer la censura académica soviética. Estos trabajos fueron publicados en la revista rusa más importante de la época, el *Antropologischeskii Zhurnal*. En 1932, este científico soviético, destacó que el *Ameranthropoides* fue una invención y error de la "bourgeois science [ciencia burguesa]", y declaró la teoría hologenética de Montandon como inadmisible y mecanicista (Nestourkh, 1960).

En 1931, Earnest Albert Hooton (1931) escribió en *Up from the ape* sobre el *Ameranthropoides loysi*, tras revisar los trabajos de Honoré (1929), de Loys (1929), Montandon (1929c) y Joleaud (1929). Allí se repite la información sobre las características del supuesto simio, destacando la duda por la manera como presuntamente se perdió el ejemplar en la expedición y la falta de escala en la fotografía. Por ello, determinó reservar una opinión hasta tener una mayor información, antes de incluirlo en la familia antropoide. Para una edición revisada de su libro (Hooton, 1947), además de indicar lo ya presentado en la primera edición, agrega que hasta esa fecha sólo existen reportes de monos araña grandes en la zona fronteriza entre

Venezuela y Colombia (Hooton, 1947: 21), alude claramente al *Ateles* cazado en la región del río Tarra y divulgado por el geólogo norteamericano A. James Durlacher, quien tras su retorno de Suramérica informa haber recabado datos sobre los indígenas Motilones –Barí–, además de algunos libros raros sobre los Barí, los cuales fueron depositados en la biblioteca del Explorers Club (Anónimo, 1934-1935: 10). En 1936, A. J. Durlacher publica un artículo de aventuras en Costa Rica, donde reproduce la fotografía de un mono araña sosteniendo un huevo (Fig. 15), del cual se indica lo siguiente, "This giant monkey, from the Tarra river area, was once rumored a new anthropoid American ape. It is thought to be a new species. Durlacher is going to bag a second one and settle the question" [Este gran mono del área de Río Tarra, fue rumoreado como un nuevo antropoide –simio– americano. Se pensó que es una nueva especie. Durlacher regresará en un segunda oportunidad para capturar el segundo y resolver la interrogante" (Durlacher, 1936: lámina). Esta nota y la fotografía aparecen totalmente inconexas del texto, el cual no refieren a la región del Tarra, sino a la región de Nicoya en Costa Rica, Centroamérica. En 1936, Edward Boulenger, quien fue director del Jardín Botánico de Londres, citando a Hooton (1931) reseña la historia de de Loys en muy pocas líneas, y dice que lo más cercano a este "intimidating monster" [monstruo intimidante (el *A. loysi*)] que no tiene cola sería el uacari, género *Cacajao* (Boulenger, 1936: 169). En 1939, Frank W. Lane, refiere que Raymond L. Ditmars, conocido zoólogo, le señala que un explorador le contó sobre su convicción de la existencia de un gran antropoide en Suramérica, pareciera referirse a F. de Loys o A. J. Durlacher (Lane, 1939). Mattos (1941) indica sobre la "presencia" del *Ameranthropoides* en las selvas del Río Tarra.

Entre 1931 y 1932, Nello Beccari, entomólogo y anatomista italiano, realiza lo que ninguno de los personajes previamente mencionados había determinado hacer, una búsqueda del animal en América del Sur. Beccari viajó a la Guayana Británica con el objeto de investigar sobre problemas anatómicos de los primates del Nuevo Mundo. Habría seleccionado esta nación en parte por su conocimiento de antiguas obras en las que se mencionaba la existencia de un "gran primate" en el área, a saber, Reclus (1894) y Schomburgk (1841), y por su interés particular en resolver la controversia desatada en torno al *Ameranthropoides loysi*. Aunque no consiguió prueba física del animal, Beccari regresó a Italia convencido de su existencia y sus consideraciones quedaron plasmadas en una extensa obra de más de cien páginas, que resalta por su propiedad y profundo conocimiento de la neuroanatomía de los primates, y por el carácter obsesivo de hacer del *Ameranthropoides* una realidad palpable; esta obra publicada en 1943, incluye un dibujo hipotético de la anatomía externa del cerebro del *A. loysi* (Fig. 16), especulación que sólo la mente atrevida de un experto anatomista pudo haber delineado con tanta seguridad al comparar con cerebros de *Cebus capucinus* y *Ateles vellereus*, además de una comparación fotográfica con un ejemplar de *Ateles panicus* en posición similar a la del mono fotografiado por de Loys (Beccari, 1943, Fig. 17), del cual curiosamente, admite que no encuentra una notable diferencia en el rostro. Este trabajo fue presentado en el Palazzo Nonfinito (Florencia) durante la reunión de la Società Italiana d'Antropologia e Etnologia celebrada el 30 de marzo de 1943 (Anónimo, 1943). Aquí, el Profesor Giuseppe Genna, presidente de la sociedad y director de la revista donde Beccari publicó su largo artículo (Anónimo, 1943; Società Italiana d'Antropologia e Etnologia, 1943), exaltó la importancia del trabajo de Beccari (1943) para el entendimiento de la morfología externa de los platirrinos.

Hooton (1942) señala que el ingeniero americano A. J. Durlacher le comunicó que se encontraba trabajando con una compañía petrolera en la región de Río de Oro, cerca de la cuenca del Tarra durante 1927. Allí tuvo relación con algunos miembros de la expedición de F. de Loys, quienes le comunicaron que el espécimen obtenido por de Loys era una marimonda. Igualmente, Hooton (1942) señala que recibió una carta de un ingeniero de apellido Prior, de London, Ontario, quien había trabajado en la región durante 1910. Este ingeniero reporta haber visto un primate de gran tamaño en la misma área. Para el primero de enero de 1934, A. J. Durlacher le envía a E. A. Hooton una postal con la fotografía de un primate con un huevo de gallina en la mano como escala (Fig. 8), indicándole que se trata de una marimonda utilizada como alimento en el área, y que "[i]t mesures 3 feet 6 inches high and weights 72 pounds" [medía 3 pies 6 pulgadas de alto y 72 libras de peso (32 kg)] (Hooton, 1942: 270). Ante esta descripción, Harold J. Coolidge le escribe a Durlacher con el fin de que obtuviese un ejemplar para ser enviado a Harvard. En 1936, A. J. Durlacher responde que ha sido imposible hallar un ejemplar para tal fin, pero que había encargado un espécimen a algunas personas. Igualmente comunica que observó las notas y dibujos de un Capitan Deming, de otro mono araña grande de 65 libras (29 kg). Los pesos suministrados anteriormente parecen ser extremos –exagerados o errados–, ya que el promedio para *Ateles belzebuth* (*hybridus*) silvestre es de 8,32 kg (Ford & Davis, 1992: 437). Luego, el 6 de julio de 1946, E. A. Hooton recibe una carta desde Caracas, Venezuela, escrita por otro norteamericano diciendo que A. J. Durlacher, había realizado la fotografía como una broma mientras se encontraba en un campamento geológico de la compañía petrolera Shell en el Río Tarra. En este sentido, comunica que el huevo utilizado era de una gallineta (cf. *Crypturellus* sp.), un ave de menor tamaño que una gallina. En este sentido, indicó que A. J. Durlacher al preparar la postal con la fotografía, "told everyone about the good one he was putting over on the folks in the States [le dijo a todos sobre la buena que le estaba jugando a los chicos en los Estados Unidos]" (Hooton, 1942: 270). Ante estas informaciones, A. E. Hooton revisó toda la correspondencia sobre este asunto, sin hallar trazas de falsedad en los escritos, por ello dejó abierta la posibilidad de que se encontrarse un mono araña de gran tamaño con cola en la región del Tarra (Hooton 1942). Este autor incluye una lámina con la fotografía de la marimonda (*Ateles belzebuth*) enviada por A. J. Dulacher (Fig. 15). El año 1942 terminó con algunas líneas poéticas dedicadas al *Ameranthropoides* tituladas *Qui peint l'homme et le singe* escritas por el famoso poeta francés Paul Valéry (1942: 119).

Para 1944, justamente el año en que aparentemente fallece G. Montandon, el nombre del *Ameranthropoides loysi* fue sinonimizado de manera formal con *Ateles belzebuth hybridus*, el mono araña que habita en la Sierra de Perijá y en la cuenca del Lago de Maracaibo (Kellogg & Goldman, 1944). Estos autores refieren que "The absurdity of the conclusions reached by Montandon is pointed out in detail by Cabrera" [Lo absurdo de las conclusiones obtenidas por Montandon está señalado en detalle por Cabrera], que por ello el primate fotografiado es indiscutiblemente un *Ateles*, el cual presenta la mancha blanca distintiva en la frente (Kellogg & Goldman, 1944: 27). Finalizan estableciendo, luego de revisar ejemplares de *Ateles belzebuth hybridus* provenientes de la localidad de San Calisto, departamento de Santander, Colombia, ubicado la cuenca alta del Río Tarra, que el *A. loysi* es un mono araña.

A mediados de los cuarenta, Philip Hershkovitz, notable teriólogo norteamericano del Field Museum of Natural History (Chicago), junto con el Padre Nicéforo María, prospectó la región del Río Tarra colombiano (que no es el mismo Río Tarra venezolano, pero que está muy cerca), obtenienen un mono araña macho (*Ateles belzebuth hybridus*) en la localidad de Petrolea al norte de Santander. Este espécimen esta depositado en el museo con el número 70757 [6566] y fechado el 4 de agosto de 1949 (Urbani, obs. pers.). Ningún otro mono araña fue cazado y/o registrado en esta colección de primates. Igualmente, Hershkovitz aceptó el criterio sinonímico de Kellogg y Goldman (Hershkovitz, 1949, Hershkovitz, 1960).

En 1945, Gilberto Antolínez, etnólogo venezolano, cita por primera vez en Venezuela al *Ameranthropoides loysi*. El trabajo donde menciona al supuesto simio trata sobre el oso frontino (*Tremarctus ornatus*), –conocido en Venezuela también como oso salvaje–, y los relatos del "Salvaje", que como indica el autor son muy comunes de escuchar en todo el país. Antolínez (1945: 111), destaca textualmente que el supuesto antropoide "de Montandon, [habita] en las espesas selvas del Río Tarra, en la Sierra de Perijá, cerca del Lago de Maracaibo, *habitat* también del Oso Salvaje. Se quiere derivar de tal modo al indio americano. Los datos son escasos e inseguros, y toda la hipótesis que quiere construirse sobre este hallazgo peca de aventurada. Pero nos lleva a comprender el sumo valor antropológico de nuestra venezolanísima leyenda de El Salvaje, que toca el interés de todo el continente". Esto último, como sugiere el autor, esta vinculado a la constante necesidad de una construcción social de los por él llamados "semihumanos" (Antolínez, 1945: 111). Lamentablemente, este trabajo no tuvo audiencia internacional, ni tampoco impacto nacional.

Acabando la década de los 40, Joleaud & Alimen (1945) mencionan brevemente la historia del *Amernathropoides*. Urbain & Rode (1946) sugieren reservar una opinión final y prematura hasta que se presenten pruebas más concluyentes, amén de un "estudio científico serio" (Urbain & Rode, 1946: 36). Es importante destacar que para entonces P. Rode era una autoridad en primates africanos (Rode, 1937) y A. Urbain había participado en expediciones al África en búsqueda de gorilas (Urbain, 1940). El autor de libros de aventuras William Seabrook (1947) escribió sobre el supuesto secuestro de una mujer por simios, incluyendo un fotografía del "simio" de de Loys. En el mayor boletín bibliográfico de la antropología latinoamericana, Dahlgren (1946) incluye el trabajo de Beccari (1943) en su extensa revisión bibliográfica. En 1947, el trabajo de Beccari (1943) es enlistado en una de las principales revistas bibliográficas italianas (BNCF, 1947). Por otra parte, Ley (1948: 101) parafrasea brevemente la historia contada por François de Loys, sin presentar reflexión adicional alguna.

La controversia en la segunda mitad del siglo XX

Cumplida una mitad del siglo XX, la controversia continúa. En 1950, con la publicación del *Handbook of South American Indians* de Julian Steward aparece la referencia del *Ameranthropoides* identificado como un mono araña (Gilmore, 1950). En Francia, Léon Bertin (1950), professor del Muséum national d'Histoire naturelle, indica que la fotografía no es evidencia suficiente para describir una nueva especie, sugiriendo que the *A. loysi* era una especie de *Ateles*. Una apreciación similar fue dada por el mastozoólogo alemán Ingo Krumbiegel (1950). En su libro seminal *Anatomia comparata dei vertebrati*, Beccari (1951) mantiene su previa opinión del *Ameranthropoides* como un "simio" del Nuevo Mundo. En septiembre de 1951, llega una carta al editor de la revista *Natural History* del American Museum of Natural History de Nueva York enviada desde Río de Janeiro. El autor era un lector brasileño llamado I. Camara, quien dijo que hacía unos años había leído una noticia sobre un presunto simio descubierto en Venezuela. Luego de procurar más información sobre el caso no había logrado conseguir nada, es por ello que recurrió finalmente a escribir su carta. Quien responde fue G. H. H. Tate, miembro de la sección de mamíferos de dicho museo, quien habiendo estado en Venezuela coleccionó primates en la región del Duida al sur del país (Tate, 1939), y fue gran conocedor de los mamíferos de Venezuela. El zoólogo, le describe los acontecimientos destacando los puntos expuestos por de Loys, Montandon, Keith y Montagu, alegando la inexistencia de ese primate (Tate, 1951). Luego en Brasil, Mattos (1950) publica la fotografía de *A. loysi* y destaca las noticias de G. Montandon y Joleaud (1929). Indica a su vez las similitud con los *Ateles* spp. y *Brachyteles* spp., sin embargo, mantiene la posibilidad de que el *Ameranthropoides* pudiera existir.

Para 1952, aparece publicado en Francia una versión de un libro de E. G. Boulenger (1952), quien al referirse a la obra de A. E. Hooton, dice que el mono de gran talla en la selva venezolana-colombiana pareciera ser el Uacari (*Cacajao*). También este año, Dewisme (1952) resume la controversia y sugiere la possible existencia de dicho "simio". En 1954, Maurice Mathis (1954), miembro del Instituto Pasteur de Túnez, donde en la primera mitad de ese siglo existió un "singerie" [recinto de primates] francés (Haraway, 1989: 19), escribe la historia de F. de Loys y G. Montandon. Reseña que el fotógrafo del Muséum national d'Histoire naturelle, M. Cintrat, al examinar la fotografía del supuesto simio rechaza la posibilidad de un trucaje, destacando igualmente que el animal se encontraba a una distancia de 3,5 m de la cámara fotográfica. Estima una altura para el primate entre 1,5 y 1,6 m. Expresa que las características simiescas son incontrolables por la fotografía y señala que P. Hershkovitz, luego de su expedición lo asocia a un *Ateles hybridus*. En la tabla del orden Primates publicada por éste autor no incluye al *Ameranthropoides* (Mathis, 1954). F. Volkmann (1954) y Fromentin (1954) terminan el año dedicando pocas palabras al caso, indicando que después de observar la fotografía del *A. loysi*, pueden existir "simios hermafroditas".

En 1955 y 1956, son publicados dos libros sobre zoología fantástica en los que se divulgaba al público general, la historia del controvertido *Ameranthropoides* (Heuvelmans, 1955; 1959; Wendt, 1956). Bernard Heuvelmans redunda en explicar la controversia, destacando la importancia que implica la comparación de la capacidad craneana del animal del Tarra con la de homínidos y simios. Finalmente dice que su colega Charles H. Dewisme realizó una expedición a Colombia, donde –supuestamente– había encontrado evidencia de la existencia del *A. loysi*. Deswisme planificó buscar el "simio" en el lado colombiano de la Sierra de Perijá, bajo la recomendación del etnólogo austríaco-colombiano Gerardo Reichel-Dolmatoff (Dewisme, 1954). Heuvelmans también estaba planificando ir a la región del Río Tarra en Venezuela con el fin de rastrear al *A. loysi* (Hutt, 1959). Para ello, recibió recibió recomendación logística de los miembros del Departamento de Exploración de la Shell Oil Company en Venezuela (Hutt, 1959). Treinta años después, y después de leer el libro de Heuvelmans, A. Montangu sugirió que la fotografía de *A. loysi* representa un *Ateles*, pero probablemente una especie desconocida, que aún pudiera permanecer en la gran cuenca del Amazonas (Montangu, in Garnett, 1959).

Herbert Wendt, presenta información novedosa sobre el supuesto simio, ya que relata como sucedió la conferencia de G. Montandon del 11 de marzo de 1929 en la Academia de Ciencias de París, la cual según informa fue bastante acalorada, y contó con la asistencia de F. de Loys. De la información suministrada cabe la pregunta ¿realmente estuvo François de Loys en la conferencia?. En principio no debió estar, ya que ha debido encontrarse en Irak (véase arriba), por otro lado, como se aprecia en la publicación (Montandon, 1929g: 140), en la conferencia de la Academia de Ciencia de París, los miembros sólo felicitan a G. Montandon, y no se menciona al geólogo. Además, E. Tejera, quien también asistió a esa conferencia no menciona a F. de Loys, conocido personalmente por él desde los tiempos en Perijá y Mene Grande (Tejera, 1962, Tabla 1, Apéndice A). Por ello suponemos que el dato sobre la presencia de F. de Loys en la conferencia, tal como indica H. Wendt

(1956) es erróneo. H. Wendt comienza su capítulo sobre el *Ameranthropoides* como "El escándalo del mono falsificado", y termina su ensayo destacando que "La sierra de Perijá sigue guardando su secreto" (Wendt, 1956: 474), haciendo alusión a otra posible interpretación contradictoria. En años siguientes aparecieron reediciones de los trabajos de Heuvelmans y Wendt, así como sus traducciones a otros idiomas con la repetición del mismo relato. Maurice Burton (1957) reseña someramente la historia conocida sobre el supuesto simio. Cabrera (1958) incluye al *Ameranthropoides* como uno de los nombres dado al género *Ateles*. Por otra parte, el zoólogo francés Pierre-Paul Grassé (1955) escribió su *Traité de Zoologie*, donde describe las características distintivas del *A. loysi* como parecidas as las de *Ateles* spp. Maurice Burton (1957) superficialmente destaca los aspectos más conocidos del caso. Cabrera (1958) incluye al *Ameranthropoides* como uno de los nombres dados al género *Ateles*. En Venezuela, la periodista M. E. Páez (1959) escribe sobre el caso, y dice se estaba planeando una expedición francesa para buscar el *A. loysi*. Al final de la década, Comas (1959) indicó en su libro clásico que el *A. loysi* era un caso no muy bien documentado. En círculos académicos de Eslovaquia, se presenta una breve revisión del caso del *Ameranthropoides* (Anónimo, 1959).

El 19 de abril de 1960, Philip Hershkovitz, resume nuevamente los hechos de la controversia, señalando que en su propia expedición a la región del Tarra sólo encontró gran cantidad de monos arañas. De la colecta destaca que el espécimen más grande fue una hembra de 21 pulgadas (54 cm), siendo el mayor de todos, desde la cabeza a la cola de 26 pulgadas (67 cm). Concluye diciendo que si bien está lejos el *Ameranthropoides* de ser un simio antropoide, si es un ejemplar de mono araña extremadamente grande (Hershkovitz, 1960: 7). Por su parte, Ivan T. Sanderson, quien había escrito un libro primatológico, *The monkey kingdon* (Sanderson, 1957), el cual había sido utilizado por S. L. Washburn para el primer seminario sobre comportamiento de primates en los Estados Unidos (Haraway, 1989: 218, 407; Kinzey, 1997: xvi), se refiere al caso del *Ameranthropoides* y su vínculo con la tradición oral latinoamericana (Sanderson 1961, 1962, 1967), tal como hizo Antolinez (1945). Sanderson (1961) no duda que el supuesto simio es un fraude, y que debe tratarse de un ejemplar hembra de "*A. beelzebub*" [sic] (Tabla 2). May (1960) proporciona los mayores puntos del caso, sin dar más interpretaciones.

W. C. Osman Hill (1962), prominente primatólogo británico, dedicó varias páginas de su exhaustiva serie sobre la anatomía comparada y la taxonomía de los primates a la discusión de la identidad del animal, presentando dudas sobre su veracidad. Si bien decide no emitir un veredicto final, asevera que probablemente se trate de un *Ateles belzebuth hybridus* (Hill, 1962: 493). El mismo año, el sociólogo italiano Corrado Gini (1962) fue invitado a una conferencia en México, y de allí viajó a Caracas (Venezuela) a dar una charla sobre el caso del *A. loysi*. Allí, indicó dijo que el "simio" era significativamente distinto a los monos arañas que ha visto en los museos de Caracas. En torno a los argumentos de Beccari y Courteville, además de las supuestas estatuas simiescas de Yucatán, que observó en México con la guía del etnólogo mexicano Barrera Vásquez. Gini (1962), sugiere la posibilidad de la existencia del "simio". Sin embargo, se reservó un juicio final sino se tiene más evidencia. En torno al alegado antropoide suramericano, el antropólogo físico mexicano Juan Comas, lo califica como animal "imaginario" y "carente de todo valor científico" (Comas, 1962: 208, 1957, 1974). Pericot-García (1962) presenta un resumen sobre el "descubrimiento" del *Ameranthropoides*. En 1962, sucede una discusión paralela en Venezuela sobre el supuesto antropoide, presentándose informaciones interesantes que serán discutidas posteriormente. Sempere (1963) enlista al caso del *Ameranthropoides* como otra de las teorías que supuestamente pudieran explicar el origen del humano en las Américas, junto con las hipótesis del *Homunculus* del paleontólogo argentino Florentino Ameghino o del caso del "Hombre de Nebraska". Por otra parte, Cohen (1967) relata como irresoluto el caso del supuesto simio. Comas (1963) relata la historia del *Ameranthropoides* como otra de las sugeridas para el surgimiento del humano en el Nuevo Mundo, destacando su imposibilidad. Silverberg (1967) describe la historia de la controversia con énfasis en las potenciales implicaciones del descubrimiento y resume la historia del caso incluyendo la información de P. Hershkovitz y R. Courteville. Cohen (1967) sugiere al como irresoluto. Anónimo (1967) incluye el caso del *Ameranthropoides* en la mayor revista bibliográfica rusa.

Keel (1970) y Hitching (1978) repiten superficialmente la aventura de de Loys. A. B. Chiarelli (1972) sitúa al *Ameranthropoides loysi* como un *Ateles belzebuth*. Heuvelmans & Porchnev (1974) escriben dos líneas sobre el caso asociando al *A. loysi* con un supuesto hombre-mono en las Américas. En Brasil, se publicó la historia de un presunto "monstruo de la selva" llamado *Kube-Rop* que es comparado con la fotografía del *A. loysi* (Anónimo, 1970). Turrolla (1970) proporciona historias sobre fantásticos simios americanos en Guyana y Venezuela, incluyendo la posible existencia del *A. loysi*. El zoólogo alemán, D. Heinemann (1971) incluye al *A. loysi* en su lista como un *Ateles*. Grumley (1974) proporciona la historia de Turolla y de Loys, e indica que aparte del *A. loysi* y los supuestos simios brasileños, los otros "hombres-simios" posiblemente son verdaderos humanos. En 1975, una caricatura del "simio" apareció como "The Missing Link? [¿el eslabón perdido?]" en la publicación *Ripley's Believe it or not!* (Anónimo, 1975). Szalay & Delson (1979) incluyen nuevamente al *Ameranthropoides* como una de las denominaciones dadas al género *Ateles*. Gantès (1979) menciona el tema del posible bipedismo del *A. loysi*. En 1980, H. Straka hace una reseña sobre su búsqueda infructuosa del *Ameranthropoides* en base a su estadía de varios años en Perijá (Straka, 1980). En una revisión sobre la historia de la paleoantropología americana, Boaz (1981) coloca al caso del *A. loysi*, el error de *Hesperopithecus haroldcookii* y los fósiles de Ameghino como ejemplos de intentos fallidos para explicar los orígenes de los humanos. Barloy (1979, 1985) así como Welfare & Fairley (1980) relatan nuevamente la historia (lo cual sirvió para un documental presentado por Sir A. C. Clark en la TV, ver abajo). Barloy (1979, 1985) repite los puntos principales del caso y hace un alegoría de la fotografía del *A. loysi*. Cousins (1982), especula sobre la identidad taxonómica del animal, y dice que la ya muy popular fotografía no es sino un *Ateles* hinchado por encontrarse en estado de descomposición. Cousins (N/D) dice que el *A. loysi* se parece a un *Ateles belzebuth hybridus*, pero finaliza diciendo que un posible primate terrestre vive en Suramérica. Gaylord-Simpson (1984) resume el caso citando a B. Heuvelmans e indica que el animal es un *Ateles belzebuth*. Phillips (1988) reseña la historia de François de Loys como un asunto misterioso.

Heuvelmans (1986) no menciona al *A. loysi* en su revision, lo cual considerando sus previos trabajos, pareciera indicar que abandonó la idea del supuesto simio. Durante esta década, B. Heuvelmans continuó con un intenso intercambio epistolar sobre supuestos avistamientos del *A. loysi* con gente de todo el mundo y con diferentes perspectivas, desde pseudo-científicos hasta reconocidos científicos. Por ejemplo, W. King del Michigan Bigfoot Information Center escribe una carta, localizada en el archivo del *Ameranthropoides* de B. Heuvelmans, donde sugiere un "sasquatch encounter [encuentro de pie-grande]" en el pueblo de San Megal [*sic*] en la cuenca del Río Caroní. Por su parte, Gary Samuels, un reconocido experto en micología del US Department of Agriculture le escribe sobre el potencial encuentro con un "simio" en la región de Berbice-Corentyne en Guyana (Samuels, 1990; Heuvelmans, 1990).

Shoemaker (1981) retoma las ideas de los principales escritos de 1929, particularmente el asunto de la escala en función de la caja de madera donde se encontraba el "simio", e igualmente intenta sustentar sus argumentos con algunas informaciones tempranas como las de Keymis, (1596) y Bancroft (1769). Sobre este argumento, Hall (1991) sugiere que la clave para saber el tamaño del animal es el tamaño de la etiqueta de la caja donde se fotografió el *A. loysi*. Esta etiqueta se localiza justo debajo de la pierna derecha del primate. Nosotros examinamos cuidadosamente esta etiqueta y no proporciona información útil como escala. Picasso (1992) replica a Shomaker (1991) diciendo que considerando crónicas españolas el supuesto simio pueden ser "subhumanos o humanos anómalos" que podrían vivir en Suramérica. Miller & Miller (1991) presentan el relato de un viaje turístico al sur de Venezuela, donde escucharon la historia del "Salvaje", muy difundida en Venezuela y Latinoamérica en general, la cual asociaron, con absoluta superficialidad, con el *Ameranthropoides*. El escritor español Vicente Muñoz Puelles (1993) indica brevemente el caso del *Ameranthropides loysi*. Groves (1995) incluye al *Ameranthropoides* como un sinónimo de *Ateles*. Shuker (1991, 1993, 1995, 1996), Grant (1991, 1992), Clark (1993), Keel (1994) y Joly & Affre (1995) resumen los elementos básicos de la historia conocida en torno a la controversia. Durante 1995 y 1996, en el canal de televisión norteamericano Discovery Channel™ en diversas oportunidades se presentó un programa dirigido por Sir Arthur C. Clark, autor de más de una docena de célebres novelas de ciencia ficción, reseñando brevemente esta controversia, ambas desde un punto de vista sensacionalista. También en ese año, Nickell (1995) reseña los aspectos básicos de la controversia, incluyendo los argumentos de Montandon y Keith.

En 1996 y 1997, Coleman & Raynal sugieren por primera vez que el *Ameranthropoides* fue un instrumento para justificar el racismo propio del hologenismo de G. Montandon (Coleman & Raynal, 1996; Coleman, 1997). Ante este ensayo aparecen dos réplicas. M. Shoemaker con argumentos prácticamente insostenibles trata de rebatir lo planteado, escudándose en una contradicción de sus propios argumentos, aún menos sostenible, su "lack of interest in criptozoology" [falta de interés en la criptozoología] (Shoemaker, 1997: 144). Una persona con el pseudónimo de Hax (1997) destaca la omisión de los dos primeros autores en torno a la naturaleza y escala de la caja sobre la cual de Loys sentó al mono para fotografiarlo. Raynal & Coleman (1997) responden a las réplicas detallando cada uno de los puntos expuestos en su primer comunicado, particularmente expandiendo sobre las ideas racistas de G. Montandon. McKenna & Bell (1997) coloca como sinónimo de *Ateles* al *Ameranthropoides*. Shuker (1991, 1997, 1998a, 1998b, 1998c) señala la posible existencia de otra fotografía del supuesto simio con dos hombres parados a cada lado del primate. Un artículo de un autor Anónimo (1997), fue publicado en una revista española de ocultismo, donde apenas reseña la historia de François de Loys. Los trabajos antes mencionados se enmarcan en su mayoría dentro de una atmósfera pseudocientífica.

Michael Seres (1997), del Yerkes Primate Research Center, asocia indirectamente al *Ameranthropoides loysi* con los primates fósiles pleistocénicos hallados en Brasil, a saber, *Protopithecus brasiliensis* Lund y *Caipora bambuiorum* Cartelle & Hartwig, similar asociación es sugerida por Coleman (1996) a partir de la información de un paleoantropólogo norteamericano. Viloria (1997) publica la fotografía del "simio". Shuker (2000) vincula al *Ameranthropoides* con los primates de Brasil antes indicados. El antropólogo suizo, Pierre Centlivres e Isabelle Girod (1998), desarrollan la idea ya planteada de la justificación racista de G. Montandon en el contexto de lo que ellos llamaron invención del *Ameranthropoides*. Viloria *et al.*

(1998, 1999a) destacan la situación que hasta entonces había caracterizado la historia, la de un caso irresoluto, divulgando además por primera vez los rasgos biográficos de F. de Loys. Este último trabajo es revisado en un periódico suizo por Olivieri (1999). Clark & Coleman (1999) apenas revisan el caso del "simio" de de Loys en su trabajo. Viloria *et al.* (1999b) reseñan la existencia de una nueva evidencia conclusiva, la carta de Tejera (1962; Apéndice A).

Posteriormente, Urbani *et al.* (2001) nuevamente examinan los testimonios de Tejera (1962) y elaboran más en torno al argumento racista de G. Montandon. La información en Urbani *et al.* (2001) es revisada por Morrone & Viloria (2001) y en una revista primatológica, *Neotropical Primates* (Anónimo, 2001). Chapman (2001) revisa el caso incluyendo los argumento de Coleman & Raynal (1996) y hace sugerencias sobre las posible vinculación de las ideas de Montandon en la creación del "simio". Groves (2001) coloca al *A. loysi* como sinónimo del *Ateles hybridus*. Coleman (2001) y Weidensaul (2002) incluyen este caso en sus revisiones.

Smith & Mangiacopra (2002) sugieren que considerando la "real" existencia del "simio", éste no debería ser sólo una nueva especie de primate del Nuevo Mundo, sino una nueva familia. Por lo tanto, decidieron proponer una nueva familia, la Mangiacopridae con un único género *Ameranthropoides*, utilizando reglas contrarias al Código Internacional de Nomenclatura Zoológica (ICZN). Además, yerran al usar un taxón ya previamente asignado a la especie, *A. loysi*. La familia Ameranthropoidæ fue establecida por Montandon (1929) (Tabla 2). No consideran que la familia debe tener la misma raíz de al menos un género, en este caso el único género es *Ameranthropoides*, y particularmente si éste es monotípico. Este trabajo es una descripción zoológica nada seria, fuera de contexto científico. Aún peor, cuando se propone una nueva familia utilizando el nombre del segundo autor, otra vez, contrario a las reglas del ICZN.

Raynal (2002) revisa la información de Coleman & Raynal (1996) y Urbani *et al.* (2001) concluyendo que la controversia fue un fraude. Para 2003, la discusión continuó mayormente por Internet, desde una perspectiva pseudocientífica y apoyando la existencia del supuesto simio (Anónimo, 2003a-o, 2004, 2005b; Cozort, 2003; Ehret, 2003; McConnel & Russell, 2003). Sólo unos pocos documento de Internet retoman los argumentos de Coleman & Raynal (1996), Viloria *et al.* (1999b) y Urbani *et al.* (2001), proporcionado información sobre este fraude científico (Anónimo, 2003r-t, 2005a-c). Groves (2005) colocan al *Ameranthropoides* como un sinónimo del género *Ateles*. Esciente (2005) presenta una breve revisión con los principales datos del caso de supuesto simio. Desde un contexto criptozoológico, Newton (2005) incluye al *Ameranthropoides* en su enciclopedia. En 2007, Gremaud (2007) publica una breve revisión del caso. Para junio 2007, encontramos un total de 252 entradas en Google™ al utilizar la palabra clave "Ameranthropoides loysi." La mayoría de las entradas fueron sólo breves menciones del "simio" en una variedad de idiomas como turco, rumano, portugués, español, francés, alemán, etc, y más comúnmente inglés. Además, el *A. loysi* ya aparece en la mayor enciclopedia libre de la red (*Wikipedia*), además de ser el sujeto de extensos trabajos que revisaron los trabajos de G. Montandon, F. de Loys, E. Tejera, M. Raynal, Á. L. Viloria y B. Urbani (Anónimo, 2007a-h; Gable, 2007; Ravalli, 2007). Zell-Ravenheart & Dekirk (2007) incluyen una breve reseña de la controversia. La fotografía del *Ameranthropoides* aparece en un programa del Discovery Channel™ en 2007. Durante este documental sensacionalista de un viaje turístico al tepuy del Roraima al sur de Venezuela, D. Harrison sugiere luego de citar las obras de de Loys, Im Thurm y Arthur Conan Doyle (autor de las novelas *The Lost World* and *Sherlock Homes*), que un pretendido simio llamado Dadao, Piamá o Didi (identificado aquí como el "simio" de de Loys) puede estar supuestamente viviendo en la región de Cuyuní y la Gran

Sabana en Venezuela. Shuker (2007) revisa los mayores eventos del caso del *Ameranthropoides* desde la posible asociación con primates fósiles neotropicales hasta el clamar por la potencial existencia de una segunda fotografía del supuesto simio junto a dos hombres. Nosotros sugerimos que esta fotografía puede ser la de un gorila cazado y dos hombres que apareció en algunas publicaciones zoológicas de los 1930s (ej. Lozano-Rey, 1931), o la fotografía de Federico Medem de un mono araña cazado publicada en Mittermeier (1987: 133). Además, Shuker (2007) indica que la carta de Tejera pudiera ser fundamental en esclarecer esta controversia.

Venezuela, 1962: Nueva información y un debate paralelo

El 16 de julio de 1962 llega al periódico *El Universal* de Caracas, Venezuela, un cable proveniente de Casigua (Río Tarra), Estado Zulia, emitido por la agencia periodística INNAC. El cable fue publicado en la columna *Brújula*, dirigida por quien fuera cronista de la ciudad de Caracas, Guillermo José Schael. En él se dice que a un trabajador llamado Juancho de una hacienda de la zona del Río Tibú (tributario del Río Catatumbo, y cercano al Río Tarra) lo había estrangulado una araña gigante causándole la muerte, y luego de sufrir los disparos de otras personas este supuesto animal huyó. El mismo día Schael (1962a) dice que quizás la araña sería "un sobreviviente antediluviano". Un día después un cazador, Jerónimo Martínez-Mendoza, trae a colación la idea de esa gran araña no era más que un ejemplar del "simio" cazado por de Loys, luego de leer el artículo publicado por Montandon (1929g). Sugiere finalmente, que "tarde o temprano otros ejemplares serán hallados" (Martínez-Mendoza, 1962a). Esta información trajo la respuesta inmediata del médico venezolano Enrique Tejera, quien daría la palabra definitiva en este caso, información que ha permanecido desconocida para la comunidad internacional –y también venezolana–, y cuyo conocimiento oportuno, posiblemente hubiera ahorrado innumerables discusiones en los últimos años.

Enrique Tejera, escribe una carta aclaratoria el 18 de julio de 1962 (Tejera, 1962; Viloria *et al.*, 1999b; Apéndice A; Fig. 18). En esa carta Enrique Tejera, quien conoció a François de Loys en los campos petroleros del estado Zulia, proporciona información interesante, la cual puede ser resumida como: a) el carácter bromista de F. de Loys, quien tenía un mono sin cola, ya que él se la había amputado, y al cual llamaban "hombre-mono", b) la notificación de que en el año de 1929 hubo una conferencia en París, siendo anunciada en el periódico francés *Le Temps*, c) discusión del sexo del primate; d) la localidad de Mene Grande donde murió el primate, e) reflexiones sobre el contexto general de la fotografía (Fig. 5) incluyendo su posterior exhibición en el Musée de l'Homme en Paris (véase Dewisme, 1952), y f) el conocimiento de la "maldad" de George Montandon. La carta de Tejera (1992) fue completamente reimpresa en Viloria *et al.* (1999b) y Urbani *et al.* (2001).

Un día después llegó al periódico venezolano, una noticia publicada por una señora alemana llamada Charlotte Heyder, residente en Caracas, quien informó sobre su lectura de la obra de Wendt (1956), indicando que le había enviado a Herbert Wendt las notas periodísticas de Martínez-Mendoza (1962) y Tejera (1962), con el fin de que realizara una rectificación en su obra. Otra nota interesante, fue un escrito irónico realizado por un ex-alumno de G. Montandon, llamado Jean-Jacques Devand, quien dirige palabras en defensa de su profesor, desdeñando a Enrique Tejera. En ella aclara que G. Montandon no era francés sino suizo, contrario a lo escrito por E. Tejera en su carta. Igualmente, exhorta a E. Tejera a no involucrarse en la política interna de Francia, al declarar, que "el Tribunal de carácter revolucionario" que sentenció a Montandon era guiado por los "comunistas". En tal sentido, agrega que "el fusilamiento político ha sido una mala costumbre gala", siendo según él, ejemplo de ello, las ejecuciones de Juana de Arco, Georges Claude y el propio George Montandon (Devand, 1962).

La controversia continuó teniendo tanto impacto que el mismo director de la columna periodística se impresionó por la ola de cartas que llegaban al periódico para dar sus opiniones sobre el caso, en tal sentido dice "Nunca llegamos a sospechar que una noticia de esta naturaleza pudiera haber despertado tanto revuelo" (Schael, 1962c). Interesante de destacar desde un punto de vista historiográfico, es un escrito de parodia titulado la "Araña-Mono" de Perijá (Anónimo, 1962), el cual fue publicado en la revista humorística del momento, *El Gallo Pelón*, que era el reflejo de la cotidianidad de los eventos que ocurrían en Caracas. Además, de una nota sobre monos del conocido antropólogo venezolano Dr. Walter Dupouy (1962). La controversia tuvo finalmente a su haber más de veinticinco cartas publicadas en la columna periodística, escritas por aracnólogos aficionados, cazadores, interesados en monos y osos y público en general (de manera cronológica: Schael 1962a; Martínez-Mendoza, 1962a; Schael, 1962b; Tejera, 1962; Unda-Santi, 1962; Heyder, 1962; Martínez-Mendoza, 1962b; Flores-Virla, 1962; Peraza, 1962a; Schael, 1962c; Sancho, 1962; Dumois, 1962; de Bellard-Pietri, 1962; Schael, 1962d; Sarmiento, 1962; Martínez, 1962; Devant, 1962; Schael, 1962e; Nolasco-Hernández, 1962; Peraza, 1962b; Martínez, 1962b; Brandes, 1962; Anzola, 1962; Dupouy, 1962; Schael, 1962f; Domínguez 1962).

Finalmente, el escritor francés Raymond Fiasson (1960) habló con el "Dr Enrique Tejera, ancien ministre de l'Education nationale et savant fort distingué [.] de Loys avait tout simplement photographié un atèle mort tout près du camp. La démonstration, disait-il, en était faite par la présence d'un pied

Ameranthropoides loysi Montandon 1929

de bananier visible à l'arrière-plan de l'original. Le bananier a été introduit en Amérique et ne saurait pousser à l'état sauvage dans les forêts inexplorées du Haut-Tarra. [Dr. Enrique Tejera, antiguo ministro de Educación Nacional y sabio muy distinguido[.] De Loys no había hecho sino fotografiar a un *Ateles* muerto muy cerca del campamento. Eso estaba demostrado, según decía, por la presencia de una mata de banano visible en el plano de fondo del original (de la fotografía). El banano ha sido introducido en América y no podría crecer al estado salvaje en las selvas inexploradas del Alto-Tarra]." Como se observa, esta información fue dada por E. Tejera a R. Fiasson, al menos un par de años antes de divulgarse la carta de Tejera (1962). Por lo tanto, esto parece reafirmar las aseveraciones de dicha carta.

4. Reevaluando el caso y descifrando el fraude del *Ameranthropoides loysi*

Primeramente es de interés destacar el aspecto de la creación del *Ameranthropoides loysi* como "herramienta científica" para una justificación racista. En efecto, en 1926, George Montandon (1926) se declaraba públicamente un antisemita. La orquestación de su posición, en la cual "científicamente" justificaba la pretendida "supremacía aria", ya tenía sus adeptos entre comunidades de académicos en varios países de Europa durante la primera mitad del siglo XX. Un ejemplo de ello fueron los escritos del prehistoriador Gustaf Kossina en Alemania, quien para 1911 había publicado su obra *Die Herkunf der Germanen*, con un alto sentido nacionalista y racista (Trigger, 1989) y los escritos del antropólogo Christoph Meiners y el filósofo Carl Gustav Carus, así como en libros populares como el *Rassenkunden des deutschen Volkes* de Hans Gunther con explícitos argumentos anti-semitas y nacionalistas los cuales fueron aceptados por los Nazis (Proctor, 1988; Young, 1995). En el medio académico, primatológico en particular del siglo XIX, el contenido racista implícito en las argumentaciones de los naturalistas era evidente cuando se encontraban frente a la necesidad de clasificar al hombre dentro del orden Primates (Duvernay-Boles, 1995). Es a mediados del siglo XIX, en escritos franceses como *L'inegalité des races humaines* del fraile Joseph Arthur Gobineau cuando se empiezan a desarrollar concepciones racistas (Chiarelli, 1995).

Para 1918, G. Montandon trabajaba sobre craneometría de los Ainú del Japón. En su "*Table de composante raciales des peu-*

ples paléosibériens orientaux" [Tabla de componentes raciales de los pueblos paleosiberianos orientales], destaca la presencia de los por él llamados "composantes secondaires" [componente secundarios] donde incluía el "sang amérindien y sang négroïde" [sangre amerindia y sangre negroide] (Montandon, 1926a: 537), así que pareciera que su postura posterior fue una radicalización de esta primigenia concepción (véase arriba, biografía de G. Montandon). Esta postura tuvo su fin en la argumentación de un origen poligenista del ser humano, sugerida por el anatomista alemán H. Klaatsch. Las ideas de la evolución de Klaatsch fue conocida como el "pan-anthropoid origin of human races [el origen pan-antropoide de las razas humanas]" en la cual supuestamente el orang-outang y el hombre Aurignaciense y los gorilas y Neandertales eran co-descendientes tal como explica Wegner (1910) y critica Keith (1910, 1911) (Fig. 19). Este tipo de ideas, que destacan el origen de grupos humanos particulares de simios específicos fue totalmente adoptado por G. Montandon (Ducros, 1997), quien planteaba que el origen de los seres humanos partía de simios específicos, siendo "les Negres au Gorille, les Blancs au Chimpanzé et les Jaunes au l'Orang-outang" [los negros al gorila, los blancos al chimpancé y los amarillos al orangután] (Montandon, 1933: 97, 1939b), y cuya idea fue del propio G. Montandon (Ducros, 1997: 321). O como indica de Loys (1929b) al reinterpretar las ideas de Montandon, el origen de los africanos de los gorilas y chimpacés, asiáticos del orang-outang, así que el "descubrimiento" del *Ameranthropoides loysi* "filled the gap [llenó el espacio]" para el origen de los amerindios [mientras que los europeos vendrían del *Homo sapiens* arcaico como indican Coleman & Raynal (1996) tras revisar los datos de este caso]. Así que el "simio" venezolano sirvió como "prueba final" que necesitaba Montandon para apoyar su teoría del hologenismo humano (Montandon, 1928), escrita un poco antes de sus artículos sobre el *Ameranthropoides loy-*

si (Montandon, 1929a, 1929b, 1929c, 1929d, 1929f, 1929g). Por su parte, Montandon (1930a: 445) compara abiertamente, al chimpancé y al hombre africano con el *Ameranthropoides*, tratando de ilustrar gráficamente lo antes expuesto (Fig. 6). En este orden de ideas, Montandon (1929g: 186) compara el tórax del *Ameranthropoides* con el de una mujer nómada de África del Sur reseñada y fotografiada en la obra *Lehrbüch der Anthropologie* de Rudolf Martín (1928), sugiriendo la similitud entre ambos.

En este sentido, Montandon (1929g: 192) señala en un pie de página que "La presense d'un anthropoïde en Amérique soutient indirectement la théorie de l'ologénisme; ce faitabolit l'argument de la répartition des anthropoïdes à la périphérie de l'Ancie Monde" [La presencia de un antropoide en América sostiene indirectamente la teoría del hologenismo; este hecho refuta el argumento de repartición de los antropoides en la periferia del Viejo Mundo]. En la misma página sugiere la posibilidad de que el *A. loysi* sea hipotéticamente la hibridación entre el hombre y el mono, específicamente entre una mujer indígena y un *Ateles*. Precisamente, dentro de las teorías poligénicas con implicaciones racistas, fue la idea de la hibridación una de las que tuvo mayor aceptación (Stepan, 1982). Al respecto, Centlivres & Girot (1998: 40), indican que el "fantasme raciste" [fantasma racista] de Montandon existe en la proximidad natural entre el indígena y el primate, donde, como indican los autores, se reduce implícitamente el primero hacia el segundo. Esta reducción es idéntica a la que hemos destacado del texto de Bourdelle (1929, véase arriba), entre la mujer africana y el guenón, donde además de presentar, tallas y pesos prácticamente idénticos, y el género femenino de los indígenas es utilizado en ambos casos. Debe destacarse que el relato africano de E. Bourdelle se escribió antes que el de G. Montandon, lo cual descarta la posibilidad que la historia africana fuera hecha a partir de la idea de hibridación propuesta por Montandon, es por ello, que posiblemente Montandon la tomara como idea inicial.

Por otro lado, es poco probable que F. de Loys halla tenido como móvil el racismo, y quizás su única intención era propiciar una broma sobre el tema que estaba en boga en esa época. El país, quizás más idóneo era Gran Bretaña, donde se encontraba en alta discusión el caso del Hombre de Piltdown, una polémica iniciada en diciembre de 1912 (Spencer, 1990). Es de dudar, que F. de Loys tuviera una participación activa en el racismo radical como G. Montandon, aunque debió haber orquestado su publicación previo acuerdo con el médico suizo, tal como parece desprenderse del artículo *A gap filled in the pedigree of Man?* (de Loys, 1929a, Fig. 8). Evidencia indirecta pareciera sustentar esta aseveración indicada al inició del párrafo. Por ejemplo, en una fotografía de F. de Loys posa cariñosamente con una niña afrovenezolana (Viloria *et al.*, 1998: 97; Fig. 20). Por otra parte, no necesariamente de Loys debió conocer la postura declarada antisemita del G. Montandon (Montandon, 1926b), ya que en 1926 se encontraba en Irak. Chapman (2001) hace una nueva exposición que puede relacionarse con una posible motivación no racista de F. de Loys en esta controversia. Este autor sugiere después de revisar la motivación racista de G. Montandon en el caso, que potencialmente Montandon con tal formación sólo y simplemente exageró el hallazgo de F. de Loys de un posible gran mono araña (ej. véase Pittard, 1921.) y lo transformó y sobredimensionó en un "simio" del Nuevo Mundo con el fin de justificar su móvil racista. Igualmente, posiblemente F. de Loys pudo también encontrar las ideas de Montandon tan "increíbles" que pudo haberlas considerado cómicas, sin darse cuenta de sus posibles implicaciones políticas. A pesar de ello, la interrogante de un presunto móvil racista de F. de Loys sigue abierta (por ej. véase la primera parte de de Loys [1929a], el argumento de de Loys [1929b; véase abajo] y su evaluación de las ideas de hologénesis humana de Montandon). Es muy probable que G. Montandon haya conocido a Eugène Pittard para 1919. En ese año, Montandon (1919) publica su obra *La généalogie des instruments de musique et les cycles de civilisation*... como un volumen del *Archives suisses d'Anthropologie générale*, la publicación antropológica suiza fundada por Pittard en 1914. Dos años después, ya Pittard (1921) anuncia el encuentro con un primate de gran tamaño por parte de F. de Loys. Por lo tanto, E. Pittard quizás fue el nexo entre ambas personas, G. Montandon y F. de Loys. Sin embargo, Montandon pudo contactar a F. de Loys en 1929, también, quizás, por intermediación de E. Pittard, lo cual podría hacer descartar alguna agenda previa en común con motivaciones racistas entre G. Montandon y F. de Loys. De hecho para entonces, en el mismo número de la revista *L'Anthropologie*, órgano del Institut Français de Anthropologie, tanto Pittard (1929) como Montandon (1929m) publican dos artículos sobre un tema de mutuo interés: la craneometría humana, el primero de los bosquimanos (!Kung) y el segundo de los Ainú. Y de hecho, es también el mismo volumen de *L'Anthropologie* donde G. Montandon publica sus artículos sobre el hologenismo humano y el *Ameranthropoides* (Montandon G. 1929e, f).

De las afirmaciones de Enrique Tejera es interesante destacar la información sobre la personalidad de François de Loys. Un dato previamente desconocido en la controversia es el carácter bromista del geólogo suizo, y en este sentido, algunas informaciones adicionales podrían corroborar indirectamente esta posibilidad. Por ejemplo, de las denominaciones utilizadas por de Loys en el campo, como el de las localidades geológicas del Río Tarra donde se destaca "El Raspa Culo" (de Loys, 1918: 21), o el nombre casi lúdico de su caballo, como su "caballito" (Archives Theodossiou-de Loys), que si bien son propias de las situaciones de la vida cotidiana en el campo, tienen en sí un contenido humorístico. Inclusive el nombre dado por F. de

Loys a su mono despierta cierta gracia, el "Hombre-Mono". Aun más, el artículo de de Loys (1929b; Apéndice B) fue escrito con un tono algo exagerado en la forma como ilustra la historia de una aventura idílica en una selva de Suramérica. Otra evidencia indirecta es una fotografía donde aparece François de Loys posando en curiosa y exacta posición y expresión facial con una chica criolla (Fig. 21). Ésta fotografía no es propia en estilo y protocolo de aquellas tomadas en la época, como pudiera desprenderse de los argumentos de Edwards (1992) y Macintyre & MacKenzie (1992).

Sobre el primate existen dos puntos, que hacen dudar del relato del "descubrimiento" del supuesto simio. Primeramente, es el relativo al contexto donde fue tomada la fotografía. Como se indicó anteriormente, de Loys (1929) dice que la caza del mono se realizó en plena selva de la región del Río Tarra. Pero la fotografía tiene un elemento que haría dudar tal apreciación, ya que fue tomada en un buen claro cercano a un río, y en ese claro se encuentra una planta de plátano, el cual es un cultivo antrópico (Fig. 4; véase también E. Tejera en Fiasson [1960] y Tejera [1962]). Considerando la posibilidad de ver esta planta en aquella región en esa época, estas serían en, a) una comunidad indígena "Motilón" –Barí–, ó b) en un campo petrolero. La primera opción esta descartada ya que en aquella época los "Motilones" mantenían actitudes muy hostiles hacia los campos petroleros, de hecho el "primer contacto pacífico" permanentemente realizado con los Barí durante el siglo XX fue en 1960 (Lizarralde & Beckerman, 1986). El mismo de Loys (1918b: 2) al referirse textualmente de la región del Tarra, nos dice "The whole country in which the Tarra Anticline is located is covered with the thickest jungles;... The region is absolutely uninhabited except by tribes of Motilon Indians. Through not very numerous, these savages sometimes attack the camps. It is hardly necessary to say, that there are no roads but the "picas" (small trails), out to connect the geological camps to El Cubo" [todo el territorio donde se localiza el anticlinal del Tarra esta cubierto por una espesa selva... la región esta totalmente deshabitada excepto por Indios Motilones. Si bien no son muchos, estos salvajes a veces atacan los campos. Es importante decir que no hay caminos, sólo picas que conectan los campos geológicos con El Cubo]. La información etnográfica señala, además, que los bohíos Barí, se encuentran ubicados usualmente en las elevaciones relativamente alejadas de los ríos (Lizarralde, 1991; Urbani, obs. pers.; Viloria, obs. pers.), además "before contact [the 60's] the residential group would also sometimes break apart and disperse in order to avoid the white men's raids" [antes del contacto (los años 60) el grupo residencial algunas veces también se separaría y dispersaría con el fin de evitar las incursiones del hombre blanco] (Lizarralde, 1991: 438). Por ello, la posibilidad de que haya sido en un campo petrolero parece ser la única posible, probablemente en la localidad de Mene Grande, el campamento más grande de la Caribbean Petroleum Co., donde se encontraba de Loys cuando pereció su "Hombre-Mono", como señala Tejera (1962).

Entonces, si consideramos que la localidad donde murió el primate de F. de Loys fue en el campo petrolero de Mene Grande, el ancho río que se percibe como segundo plano de la fotografía (Fig. 4) puede ser el río Misoa o el río Motatán, con un caudal similar al del río Tarra. La fecha probablemente fue noviembre 1918 (Table 1). Por su parte, si pretendemos ser más condescendientes en la interpretación, es probable, que la historia del cómo F. de Loys consiguió a su mono −su mascota− pudo ser así. Es posible que en la selva del Tarra, mientras de Loys y sus compañeros caminaban por una "pica", hayan disparado contra un par de monos arañas que se movían terrestremente −como se ha observado en diversos sitios de campo (Campbell, *et al.* 2003)−, que le arrojaban ramas y excrementos, como indica Montandon (1929a, 1929f,

1929g). Se pudo quedar con el ejemplar herido, que paso a ser su "Hombre-Mono". Esta mascota pudo efectivamente como él señala (de Loys, 1929), no haber tenido cola, al haber tenido que ser amputada, quizás por la herida que le propinaron. Actualmente, la Sociedad Venezolana de Espeleología explora las cavernas de la Sierra de Perijá, y durante las caminatas en la selva se pueden observar de cerca ejemplares de *Ateles belzebuth*, que a veces arrojan material vegetal y heces, de hasta aproximadamente 10-12 m (Archivo SVE; Urbani, obs. pers.). Además, de Loys (1929a) indica que el color del *A. loysi* era grisáceo, el cual es el color del *Ateles hybridus* en la Sierra de Perijá, tal como se ha observado en el campo y en ejemplares de Perijá en las colecciones del Field Museum of Natural History (Chicago), Museo de Ciencias de Caracas (Venezuela) y Museo de la Estación Biológica Rancho Grande (Maracay, Venezuela) (Urbani, obs. pers.).

Existen otros argumentos que permiten dudar definitivamente del supuesto simio. Por una parte, es prácticamente imposible entender como en las cartas enviadas por F. de Loys a su mentor y confidente el Dr. Elie Gagnebin, se refiere a los "sauvages, Indios Motilones, invisibles, silencieux, et plus féroces que les Allemands" [salvajes, Indios Motilones, invisibles, silenciosos, y más feroces que los alemanes], e incluso banalidades como "Les *muchachas* (de Caracas) sont délicieuses" [las muchachas de Caracas son deliciosas] (de Loys, 1930b), y no haya dedicado ni siquiera una mención de su "importante descubrimiento" primatológico, en principio su más importante hallazgo no-petrolero en tierras suramericanas, y que hubiera podido tener entonces gran repercusión internacional. De hecho es casi increíble, pensar el hecho de que el geólogo suizo, sin previa experiencia en taxonomía, haya contado los dientes de un mono cazado en "plena selva", o más aún que los huesos de primates se haya disuelto con la sal como señala Montandon (1929g: 184). Es también difícil de entender como alguien entrenado en tomar reportes de campo detallados se olvidara de anotar la fecha exacta del encuentro, y más aun, se olvidara de fotografiar al primate con una escala apropiada como la carabina utilizada para cazarlo y así enfatizar la dimensión del "simio".

En el obituario de F. de Loys escrito por E. Gagnebin (1935), donde destaca los aspectos resaltantes de la vida del geólogo suizo, no hace referencia alguna al *Ameranthropoides*. En este orden de ideas, es interesante notar subsecuentemente que en 1936, el Dr. Gagnebin publica un libro sobre evolución de los homínidos titulado *Le transformisme et l'origine de l'Homme* (1947) donde ni siquiera menciona al *Ameranthropoides loysi*, "descubierto" por uno de sus pupilos más sobresalientes, François de Loys. Esto a pesar de estar –en principio– desligado de los círculos antropológicos, tanto franceses como británicos, colocándolo en una situación de relativa neutralidad en términos de una postura académica muy definida en este ámbito de las ciencias. Obviamente, F. de Loys no le mentiría a uno de sus profesores predilectos. Por tal motivo, es posible que Gagnebin supiera de la broma de su estudiante, y por tanto omitió cualquier referencia de ello o simplemente nunca supo de su "descubrimiento".

Por otra parte, es importante destacar que Enrique Tejera, era –como ya se indicó– una persona interesada en las ciencias naturales en general, que hasta realizó colecciones botánicas para la Smithsonian Institution de Washington mientras trabajaba en Perijá y Mene Grande (Steyermark & Delascio, 1985). Existe un punto en particular, que le da más valor a la información de E. Tejera, y lo haría destacar en las zonas donde trabajó con F. de Loys, y era su conocimiento de los primates neotropicales –locales–. De hecho, tal como expresa en uno de sus trabajos sobre el *Tripanosoma cruzi*, el vector de la enfermedad de Chagas, "no pudiendo disponer de monos Tití (*Callitrix penicilata*) [sic] que se han mostrado en el Brasil los animales más sensible a la enfermedad, inoculamos monos cara blanca (*Cebus capucinus*) [*sic*] y monos negros o marimondas (*Ateles belzebuth*) [*sic*]" (Tejera, 1919d: 76-77; 1919e, 1920b). Además, inuculó ejemplares de araguatos, *Mycetes ursinus* –*Alouatta seniculus*–, en sus investigaciones biomédicas (Tejera, 1920b: 302). Tejera utilizó para la identificación de los primates, la obra *Die Säugetiere* de Alfred Brehm (1912), la cual tenía en su laboratorio de campo (Tejera, 1919d: 77). Este libro conocido especialmente por su sección primatológica escrita por Ludwig Heck, paradijicamente fue el mismo que utilizó G. Montandon para comparar las estaturas del gorila, el chimpancé, el orangután y el gibón con el *Ameranthropoides loysi* (Montandon, 1929g: 187). Por tal motivo y analizando lo anterior, es imposible suponer que de haber visto o escuchado un "descubrimiento" antropológico-zoológico de tal importancia en la zona donde laboraba, Tejera no haya dado noticia de ello. Considerando además el extremo interés que tuvo de ir a la Conferencia de París, donde se hablaría de "ese nuevo venezolano" (Tejera, 1962, Apéndice A).

Los planteamientos expuestos en la carta de Tejera (Apéndice A, Fig. 18), también fueron comunicados por él en una reunión de la Academia de Ciencias Físicas, Matemáticas y Naturales de Venezuela, al respecto Eugenio de Bellard-Pietri (1999: com. pers.) nos dice: "en una oportunidad en que se hablaba en la Academia de temas antropológicos (no recuerdo si fue con motivo de los descubrimientos de Louis y de Mary Leakey en Olduvai Gorge de los *Australopithecus*), [E. Tejera] relató una experiencia suya ciertamente extraordinaria habida cuenta de los lugares y personajes que intervinieron", seguidamente, "refirió el Dr. Tejera que durante su estadía en los campos petroleros del Zulia, donde se desempeñó como médico al servicio de una empresa petrolera, le tocó un día ver a varias personas que estaban arreglando, para tomarle una fotografía, a un gran mono araña muerto. Se las ingeniaron con maña y colocaron al mono sentado sobre una caja que había contenido (según yo creo recordar) enlatados comestibles identificados muy claramente en la mencionada caja con un impreso muy evidente y grande, fácil de leer a distancia. Tejera nos refirió que él se acercó durante la toma de la fotografía y se fijó con atención en la caja y en el mono, al cual identificó en su conversación con nosotros en la Academia como un *mono araña* [sic] grande" (de Bellard-Pietri, 1999: com. pers.; itálicas de de Bellard-Pietri).

F. de Loys (1929), en acuerdo con G. Montandon, fue quien escribió las primeras evidencias indirectas del fraude. La próxima cita presenta implícitamente una apreciación donde se asocian indirectamente al *A. loysi* y al Amerindio, siendo precisamente lo que Montandon (1928, 1929g) pretende con su hologénesis humana, tal como se discutió. En tal sentido, como de Loys (1929), dice "the last link in the sequence, was found on the American continents – where processes required for his appearance through evolution had stopped short at the lower stages of the simian groups... A discovery which was made some time ago by myself... makes possible the partial filling of this gap, and brings considerable support to the Ologenic Theory recently set forth by Dr. Montandon... My discovery of an anthropoid ape that is properly American thus brings considerable support to the Ologenic theory, whereby anthropoids as well as hominians, and, indeed man himself, originated independently on the whole of the earth." [el último eslabón de la secuencia se descubrió en el continente Americano –donde los procesos requirieron para su evolución pasar por una corta parada en los estadios bajos del grupo de los simios... Un descubrimiento que fue realizado hace un tiempo por mi mismo... hace posible llenar parcialmente este espacio, y brinda un soporte considerable a la teoría hologenética recientemente adelantada por el Dr. Montandon... Mi descubrimiento de un simio antropoide propiamente americano aporta considerable soporte a la teoría hologenética, donde antropoides así como los hominoides, y el hombre se originaron independientemente sobre toda la tierra]". Mientras F. de Loys explícitamente sugirió que existían las supuestas relaciones hombres-simios en diversos continentes. Pero en noviembre de 1929, de Loys (1929b, Apéndice B) explícitamente dice que "Observe an orang-outang from Malaya, and you will be struck at the first glance by his Asiatic appearance, slanted small eyes, high cheekbones, narrow shoulders, silent and cautious manners. In looking at him, it is an old Chinaman you seem to see. With the chimpanzee, the more erect shape of the body, the wider expanse of the chest, the franker aspect of the face, the overt expression —you cannot miss the likeness to the brown man type of North Africa or even of Mediterranean stock. The gorilla, black of hide and hair, with his tremendous muscular development, his prominent lower jaw and thick-lipped mouth, with his narrow forehead and his flat feet– the gorilla looks for all the world like a caricature of the Negro of central Africa, which is the home of both… Until my discovery of the American anthropoid… in the light of this discovery, it is obvious that the failure of the otherwise well established principle of evolution when it was applied to America was due only to imperfect knowledge. The gap observed in America between monkey and the man has been eliminated; the discovery of the Ameranthropoid has filled it [En cualquier parte la descendencia del hombre parece ser lógica. Observa un orangután de Malasia, y estarás sorprendido a primera vista por su apariencia asiática, sesgados ojos pequeños, huesos maxilares altos, hombros estrechos, silenciosos y de modales precavidos. En verlos, es como ver a un viejo hombre chino. Con el chimpancé, su forma más erecta del cuerpo, la mayor anchura del pecho, el aspecto franco de cara y su sobre expresión –no puede uno perderse la similitud con el tipo de hombre moreno del norte de África o inclusive del grupo del Mediterráneo. El gorila, negro de piel y pelaje, con su tremendo desarrollo muscular, su prominente mandíbula, y grueso labios, con su estrecha frente y pie plano– el gorila parece en el mundo como una caricatura del Negro de África central, el cual es el hogar de ambos... Hasta mi descubrimiento del antropoide americano... a la luz de este descubrimiento, es obvio que la falla del bien establecido principio de la evolución cuando se aplico a las Américas fue debido a sólo conocimientos imperfectos. El vacío observado en América entre el mono y el hombre se ha eliminado; el descubrimiento del Ameranthropoides lo ha llenado]."

Igualmente, algunos argumentos presentados por G. Montandon en sus publicaciones son evidencias del fraude. En este sentido, la vinculación entre el Amerindio con el *Ameranthropoides* le permitía completar su gráfico de "Descendant ologénétique de l'homme", que muestra convenientemente un vacío en la parte relativa al "Nouveau Monde" [Nuevo Mundo] –como luego se destacará– (Montandon, 1929e: 116; Fig. 22), diciendo que "L'hipothèse de l'extinction, en Amérique, de la lignée préhumano-humaine, est ici représenté, – pour autant qu'un tel graphique permet de figurer la répartition continentale" [La hipótesis de la extinción en América de la línea prehumana-humana, esta representada aquí, – adicionalmente en el gráfico se permite figurar la distribución continental]. Ante este vacío presentado en su gráfico de descendencia hologenética humana para el continente americano, convenientemente logra resolver dicha ausencia a sólo quince páginas después de concluido su trabajo (Montandon, 1929e: 103-122) cuando escribe sobre el *Ameranthropoides* (Montandon, 1929a-o). Como indican Urbani *et al.* (2001) y Raynal (2002), coincidentalmente Montandon siempre publica los artículos sobre su *Ameranthropoides* en la misma revista luego de presentar allí los artículos sobre sus ideas holegenéticas (Tabla 3), resolviendo así el "American human distribution gap [el vacío americano de la distribución humana]". Por otra parte, G. Montandon parece entrever la creación del *Ameranthropoides*, al sugerir que "It reste deux mots à dire de la façon dont peut être interprétée l'existence *éventuelle* d'un amer-anthropoïdé par rapport à la théorie désormais fameuse du maître Daniele Rosa. Certes, l'existence d'un tel singe ne prouve directement rien pour l'ologénisme, c'est-à-dire pour l'application que nous avons faite à l'homme de l'ologenèse, mais elle parle en un certain sens pour l'ologenèse tout court (départ des espèces non pas à partir de foyer, mais à partir de la surface entière du globe, puis d'aires très vastes)." [Quedan dos palabras a comentar sobre la manera como puede ser interpretada la existencia *eventual* de un amerantropoide en relación a la teoría particularmente famosa del maestro Daniele Rosa. Ciertamente, la existencia de tal mono *no* prueba directamente nada hacia el hologenismo, es decir que para la aplicación que hemos hecho al hombre de la hologénesis, pero ella habla en cierta forma en relación a la hologénesis en su sentido restringido (el origen de las especies no a partir de un lugar, sino más bien a partir de la superficie entera del globo, por lo tanto de áreas muy vastas)] (Montandon, 1930a: 453-454; itálicas nuestras). En dos de sus trabajos sobre el *A. loysi*, Montandon dice que en "le domaine zoo-anthropologique, un fait absolument nouveau en lui-même, et qui, indirectement, soutient la théorie émise [el dominio zoo-antropológico, un nuevo y absoluto hecho como este (*A. loysi*), indirectamente sostiene la teoría (de la hologénesis)]" (Montandon 1929c: 269, 1929h: 2).

En menos de un mes, G. Montandon comete una grave equivocación. En el primer artículo publicado el 11 de marzo de 1929, aparece la estatura del *Ameranthropoides loysi* como de 1,35 m (Montandon, 1929a), nueve días después en la sesión del 20 de marzo en el Institut Français de Anthropologie (IFA), dice que la estatura del primate es de 1,57 m (Montandon, 1929f). Este error pareciera poner en evidencia el fraude, y no fue pasado por alto por Sir Arthur Keith (1929) quien se basa en él para ridiculizar el "descubrimiento". Alrededor de tres meses después, el 15 de junio de 1929, F. de Loys también indica que la altura del *A. loysi* era de 1,57 m. Aún después, la altura cambia de nuevo, G. Montandon (1930a) indica que es de 1,23 m. Otro error aparece en los artículos de G. Montandon cuando describe las localidades donde el "simio" fue cazado. En Montandon (1929a), él indica que el *A. loysi* fue obtenido el tributario derecho del Río Tarra, mientras que en Montandon (1929d, 1929g) inconsistentemente apareció como el tributario izquierdo. Además, F. de Loys (1929b) dice que el primate fue cazado en el Río Catatumbo, y no exactamente en el Río Tarra. Más aún, Montandon (1929g) así como de Loys (1929a) indican que el individuo macho que acompañaba a la hembra cazada, fue herido. En otra versión, Montandon (1929a) y de Loys (1929b) sugieren que el individuo macho sólo observó al grupo de F. de Loys y salió directo al bosque.

Sobre el contexto de la publicación de los artículos de Montandon relativos al *Ameranthropoides loysi*, es interesante destacar algunos aspectos. Primeramente, Montandon (1929f: 140) señala en la conferencia del 11 de marzo de 1929 en la Academia de Ciencias de París, la primera donde se hace público al *A. loysi*, la existencia de "statues de pseudo-gorilles" en Yucatán, –a propósito de una exposición sobre arqueología Maya ocurrida en Francia entre el 22 y 29 de septiembre de 1928–, como justificación arqueológica de su argumentación. Llama la atención que luego de haber publicado sus últimos artículos sobre el supuesto simio (Montandon, 1930a, 1930b), publica otro artículo –poco conocido– donde justifica sus propuestas sobre el *A. loysi* con una pretendida evidencia arqueológica en territorio mexicano, representadas por supuestas "estatuas simiescas" depositadas en el Museo de Mérida, Yucatán (Montandon, 1931; Fig. 23). En esta referencia, destaca

–de manera subjetiva y conveniente– la interpretación de un clítoris voluminoso en una de las estatuas, la cual asegura ser similar al que había descrito para su gran primate en Montandon (1929g). Igualmente, parece curioso que G. Montandon teniendo cierto conocimiento de la fauna del área, por ejemplo menciona la presencia de osos hormigueros (*Tamandua mexicana*), nunca menciona y compara su "simio" con otros primates de la región, estos son *Alouatta*, *Ateles* y *Cebus*.

Por otra parte, como se indicó, la noticia del *Ameranthropoides* divulgada por G. Montandon tuvo una aceptación bastante general en la comunidad académica de Francia, y en especial en el IFA (Montandon, 1929f). Para 1929, G. Montandon era colaborador principal de *L'Anthropologie*, tal como se desprende de la portada de la revista. Habiendo publicado a su vez, más de una docena de revisiones bibliográficas para este boletín (Montandon, 1929n-af). En esta institución, al finalizar la presentación del 20 de marzo a propósito del *Ameranthropoides*, G. Montandon es alabado por Lévy-Bruhl, Meyerson, Bourdelle, Jouleaud y Rivet, teniendo éstos dos últimos con seguridad un interés especial en la exposición. Ambos tenían una historia afín a los acontecimientos relatados en la historia de F. de Loys y narrada por G. Montandon. Leónce Jouleaud, quien era conocido principalmente como zoólogo, trabajó como geólogo de campo en Colombia entre 1925 y 1926, en circunstancias de campo similares a la F. de Loys, siendo presidente de la Sociedad Geológica, y más tarde de la Sociedad Zoológica de Francia. Por su parte, Henri Vallois (1929), hace una revisión de un trabajo entonces publicado sobre los Barí de la Sierra de Perijá. Paradójicamente, a pesar de toda la aceptación manifiesta dentro del IFA sobre este caso, en el mismo volumen de *L'Anthropologie*, M. Bégouen (1929), quien era también colaborador principal de la revista, no menciona al *Ameranthropoides* en su clasificación de los primates. Paul Rivet tenía especial interés en el origen del hombre americano

(Rivet, 1943), así como en la etnología de los "Motilones" de la Sierra de Perijá (Rivet & Armellada, 1950), además de haber sido fundador del Instituto Etnológico Nacional de Colombia (Oyuela-Caicedo & Raymond, 1998). Por su parte, fue él quien le proporcionó a G. Montandon la información para escribir la nota "Les statues simiesques du Yucatán" (Montandon, 1931), la cual fue considerada como complemento de Montandon (1929g). En 1928, Rivet, era Secretario General y miembro de la Comisión de Publicación, mientras que Jouleaud era miembro del Consejo de la Société de Américanistes (Société des Américanistes, 1928), en cuyo órgano difusor el *Journal de la Société des Américanistes*, se publicó el artículo más completo sobre el *Ameranthropoides* (Montandon, 1929g). Por otro lado, también extraña que de la muy extensa bibliografía de G. Montandon (1927, 1928, 1933, 1935, 1940, 1943, entre otras), solamente una se refiere a primates, justamente las referidas al *A. loysi* (Montandon 1929a y versiones sucesivas sobre el supuesto simio). Finalmente, en el contexto general de publicación de los trabajos de G. Montandon, puede hacerse notar que en tres de ellos (Montandon, 1929f: 139, 1929g: Pl. V, 1930a: Fig. 1 y Fig. 4) aparece la nota "Copyright 1929, by George Montandon" (Fig. 4), justamente en la fotografía del *A. loysi*, siendo esta una manera de evitar la reproducción sin autorización, incluso por su verdadero autor, F. de Loys.

Otra evidencia para el fraude son dos declaraciones poco conocidas hechas por el mismo G. Montandon luego de publicar su seguidilla de artículos sobre el supuesto simio (Montandon 1929a, 1929b, 1929c, 1929d, 1929e, 1929f, 1930a, 1930b). Después que H. Weinert (1930) publica sus razones por las cuales *A. loysi* debió llamarse *Megalateles*, en 1931, Montandon le escribe una carta al italo-brasileño Cesar Sartori (Apéndice C). En esa carta, G. Montandon admite que debió haber denominado el simio de de Loys, como *Megalateles* para "evitar confusiones" como las que se presentaron en torno al apelativo de antropoide (Sartori 1931, Tabla 2). La carta a Sartori, fue publicada en una revista dominical de un periódico brasileño, el *Correio da Manhã*, que al igual que en el caso de la carta de Tejera era un medio de poco impacto y ajeno de los círculos académicos donde se desarrollaba la discusión de la controversia. En Europa, esta referencia salió reseñada única y someramente en el extenso artículo de Beccari (1943: 10), que igualmente fue muy poco conocido, y solamente citado después por Heuvelmans (1955). Es posible que la revista italiana donde publicó Beccari en pleno desarrollo de la Segunda Guerra Mundial, tuviera una distribución deficiente por lo cual no aparece incluída en los índices antropológicos y zoológicos, como el *Zoological Record* (el cual se publica ininterrumpidamente desde 1865). Nuevamente, G. Montandon publicó en 1943 que para ahorrar malas interpretaciones el género *Ameranthropoides* debió haber sido llamado *Megalateles* (Montandon, 1943: 317). La introducción de esta denominación carece de formalidad y por ello se convierte automáticamente en un *nomen nudum*, que por el principio de prioridad del código de nomenclatura zoológica vigente debe atribuírsele a Weinert, por haberlo publicado antes que Montandon (International Commission of Zoological Nomenclature, 1999), y aquí se propone como sinónimo nuevo para el género *Ateles* (Tabla 2). Es interesante notar que 20 años después que Hans Weinert acuñara el nombre de *Megalateles*, él describió una maxila homínida descubierta durante 1939 in Tanzania durante la expedición de Ludwig Kohl-Larsen como *Meganthropus africanus* (Weinert 1950). La enorme atención en torno a este "descubrimiento" dejó gran cantidad de sinónimos para el *Ateles hybridus* y la familia Atelidae (Tabla 2). Por lo tanto, considerando el estado actual de la taxonomía y biogeografía de los primates neotropicales, se apoya la hipótesis de que el *Ameranthropoides loysi* debe considerarse como otro sinónimo de *Ateles hybridus* (Tabla 2).

Esta información sugiere –en principio– que desde temprano Montandon sabía que el primate en cuestión era un *Ateles* de gran tamaño. Esta apreciación coincide con aquella dada por él mismo, en el último párrafo de su primera nota (Montandon, 1929a: 817), que dice, refiéndose al supuesto simio que "Réservant la possibilité que nous nous trouvions en présence d'une nouvelle espèce du genre *Ateles*, nouvelle espèce géante,..." [reservándose la posibilidad que nos encontremos en presencia de una nueva especie del género *Ateles*, nueva especie gigante,...]. Esta frase tampoco pasó desapercibida para Sir Arthur Keith, y sería clave para la argumentación de su posición, –algo irónica–, de que el primate en cuestión era un mono araña grande, o quizás un "*¿Ateles loysi?*" (Keith, 1929: 101). A pesar de esa declaración comprometedora, el médico suizo, continua y concluye el párrafo diciendo "...nous introduisons dans le sous-ordre des platyrhiniens une nuovelle famille, celle des *Amer-anthropoidæ*, comprennant un seul genre, le genre *Amer-anthropoides*, comprendrant actuellement une seule espèce, à laquelle nous donnons le nom de *Amer-anthropoides Loysi* [sic]" [...nosotros presentamos en el suborden de los platirrinos una nueva familia, la de los *Amer-anthropoidæ*, incluyendo un sólo género, el género *Ameranthropoides*, incluyendo actualmente una sola especie, a la cual damos el nombre de *Ameranthropoides Loysi* (sic)]" (Montandon, 1929a: 817).

Por su parte, otro comentario sugestivo hecho por el mismo Montandon en la sesión del 19 de febrero 1930 del Institut Français de Anthropologie, se refiere a una posibilidad alterna a la pretendida falta de cola, –falta que había sido uno de los puntos más discutidos–, a manera de justificación que pudiera dejar en evidencia su propuesta previa a ese año, diciendo que "Reste ouverte la question du mangue d'appendice caudal. Seule une nouvelle découverte pourrait nous dire s'il s'agissait d'un accident, d'un embrión d'appendice caudal noyé dans les chairs come chez les *Macacus inuus*, ou d'un manque réel de cet appendice comme chez les antropoides" [Queda abierta la pregunta acerca de la falta de un apéndice caudal. Sólo un nuevo descubrimiento podría decirnos si se trataba de un accidente, de un embrión sin apéndice caudal en los asientos como en los *Macacus inuus*, o de una carencia real de este apéndice como ocurre en los antropoides] (Montandon, 1930b: 117). La apreciación comparativa con "*Macaca inuus*", puede responder a una aceptación del argumento planteado por Cabrera (1930) en torno a la ausencia de cola en *Macaca*. Nótese que Á. Cabrera fue quien primeramente desmontó los argumentos del artículo de Montandon (1929g), y su publicación (Cabrera 1930) fue conocida y discutida por G. Montandon en 1930, tal como se desprende de Sartori (1931, Apéndice C).

Obviamente, la importancia que sugiriera un "descubrimiento" de esta naturaleza fue motivo de interés para ir en su búsqueda. Cuatro fueron las personas que se dispusieron a localizar al *A. loysi*, luego del "hallazgo" por F. de Loys. Beccari, se dirige a la Guayana en búsqueda del supuesto simio, regresa sin él, pero sigue convencido de su existencia (Beccari, 1943). Conocida la supuesta existencia de este animal, un millonario norteamericano ofreció una cantidad de cincuenta mil dólares a quien le consiguiera un ejemplar (Wendt, 1963: 220). En septiembre de 1944, P. Hershkovitz se dirige a las selvas del Catatumbo entre Colombia y Venezuela con la fotografía en mano "du specimen étudie par Montandon est celle d'un *Ateles hybridus*" [del espécimen estudiado por Montandon y otra de un *Ateles hybridus*] (Urbain & Rode, 1946: 36), sin hallar al supuesto simio. Después de un encuentro en París, P. Hershkovitz publica si primer artículo primatológico en abril de 1945, en coautoría con el primatólogo francés P. Rode (Rode and Hershkovitz, 1945). En Colombia, sin embargo, colecta gran cantidad de primates (ahora en el Field Museum de Chicago; Urbani, obs. pers.), los cuales fueron descritos para su trabajo de taxonomía de primates y de forma particular en su monografía seminal e investigación temprana sobre monos colombianos (Hershkovitz, 1949). Posteriormente, señalaría al supuesto descubrimiento como una farsa hecha por "a French, or perharps Swiss, geologist" [un geólogo francés, o quizás suizo] (Hershkovitz, 1960: 6). El explorador venezolano-austríaco, Hellmuth Straka, convive en la región con los indígenas Yukpa donde con fotografía en mano falla totalmente en conseguir evidencia del *Ameranthropoides loysi*. Igualmente, señala que en 1952, el "etnólogo francés J. Doumaire buscó en la Sierra de Perijá tanto al hombre-mono como a los indios blancos, sin resultado alguno" (Straka, 1980: 12). J. Doumaire aparentemente fue a Perijá con un filmador y un geólogo (Anónimo, 1952b).

Finalmente, es posible que la carta enviada desde Caracas por la dama alemana Ch. Heyder (1962) a H. Wendt, halla sido considerada por este autor, ya que en trabajos posteriores sobre temas antropológicos como *Der Affe steht auf* (1971) no hace mención del *Ameranthropoides loysi*, dedicando sólo un espacio al fraude del Hombre de Piltdown. Si Wendt recibió esta carta desde Venezuela, lamentablemente jamás divulgó su contenido, lo cual hubiera sido de utilidad para que muy temprano se hubiese cerrado la discusión, además de abrir la carta de Tejera (1962) a una mayor audiencia. Sin embargo, Wendt (1980) suprimió completamente el capítulo sobre el *Ameranthropoides* de su obra original (Wendt 1956). Con casi seguridad se debe al contenido de la carta recibida desde Caracas, pero al ser la edición de 1980 una obra póstuma, entonces no se pudo informar del porqué se suprimió ese capítulo. Igualmente, de haberse divulgado en Europa el escrito de Cabrera (1930), que desarticula los argumentos fundamentales de G. Montandon en torno al *Ameranthropoides*, eventualmente la controversia hubiera tomado otro curso.

5. Epílogo

Algunas consideraciones finales se pueden desprender de la historia tejida alrededor del *Ameranthropoides loysi*. La primera concierne al contexto europeo en la primera mitad del siglo XX, donde surge el "descubrimiento" y creación de este fraude. Al respecto, Haraway (1989: 19) dice, "Primates bodies grounded the discourses that rested on a flow of value from the lands where monkeys and apes lived to the lands where they where exhibited and textualized… Part of the ideological framework justifiying this directed flow of knowledge was the great chain of being structuring western imperial imaginations; apes specially were locate in a potent place on that chain" [Los cuerpos de primates minaron los discursos que reposaban en el conjunto de valores (de la gente), desde las tierras donde los monos y simios vivían hacia las tierras donde fueron exhibidos y textualizados… En este sentido, parte del intenso trabajo que justificó el crecimiento del conocimiento para formar la gran cadena de la estructuración del imaginario imperial occidental; los simios ocuparon un lugar preponderante]. En Francia y las regiones francófonas en general, los experimentos e ideas de los "singeries" [recintos de primates] estaban en boga. En este período, el gobierno francés mantenía, en África y París, colonias de chimpancés con la finalidad de realizar ejercicios de "civilización", ayudados por "mujeres nativas", con la finalidad de determinar los límites de su capacidad mental (Honoré, 1927; Haraway, 1989). Al respecto, Honoré (1927:

409), indica que estos experimentos eran *"uniques au monde* [únicos en el mundo]", estando diseñadas para "disminuer les souffrances de tous les hommes" [disminuir los sufrimientos de todos los hombres], siendo prácticas con implicaciones racistas, tal como lo indica Haraway (1989). Igualmente, el hallazgo del gorila por parte del explorador franco-americano Paul du Chaillu ponía en relieve el interés hacia los grandes simios (McCook, 1996). Por otra parte, el descubrimiento de restos de homínidos africanos, cobró importancia y originó perturbación dentro de la sociedad anglosajona, toda vez que fueron hallados en África (Lewin, 1987). La existencia de ambas circunstancias, posiblemente hayan potenciado los dos fraudes antropológicos más importantes de la Europa del siglo XX. En Francia, el *Ameranthropoides loysi* ambientado en una atmósfera primatológica, mientras que en Gran Bretaña, el fraude del Hombre de Piltdown (*Eoanthropus dawsoni*) en una paleoantropológica. Por una parte, la visión de una ciencia victoriana, en este caso encabezada por A. Keith, que ridiculizó los planteamientos del supuesto simio, con el fin de mantener y defender las ideas del *establishment* inglés. Y por la otra, las respuestas desde Francia, por parte del mismo G. Montandon (1930a: 450) apoyado por otros autores como Honoré (1929). La controversia resultó ser un claro ejemplo de la disputa del poder en las ciencias, establecida entre los círculos académicos ingleses y franceses de la primera mitad del siglo XX.

La segunda consideración está vinculada a la constante delimitación de una dicotomía entre el hombre y el mono. En Occidente esta relación esta vigente, toda vez que los primates, y simios en particular, son sujetos para ser "pensados" de manera muy singular (Corbey, 1998; Corbey & Theunissen, 1995). La vigencia de la discusión existe desde el Medioevo y el Renacimiento (Acosta, 1992; García, 1981; Janson, 1952; Kappler, 1980; Midgley, 1998; Morris and Morris, 1966; Shea, 1984; Tinland, 2003; Haraway, 1989; Cavalieri and Singer,

1994) hasta el presente (Haraway, 1989). Por ello, no es extraño, por ejemplo, que Joleaud (1929) y Heuvelmans (1955) hallan realizado la comparación –el segundo hasta la ilustra (Fig. 24)– entre el *Ameranthropoides loysi* y el *Pithecanthropus* de Gustav Heinrich Ralph von Koenigswald. Y que Philip Hershkovitz, uno de los mastozoólogos más importantes del siglo XX (Anónimo, 1997) y taxónomo de primates vivientes más importante de América de ese siglo, haya encontrado su interés en la primatología precisamente luego de organizar una expedición a la región de los ríos Catatumbo y Tarra para buscar al *Ameranthropoides loysi*. Este caso es importante, porque es una ilustración de cómo eventos históricos particulares pueden cambiar la dirección intelectual de personas que han tenido un profundo impacto en un área del conocimiento, en este caso la primatología. En este sentido, por ejemplo, al igual que el Hombre de Piltdown fue fundamental para cambiar la visión en el estudio de primates a través de las ideas de la Nueva Antropología Física de Sherwood L. Washburn (Sussman, 2000); el *Ameranthropoides loysi* introdujo a Hershkovitz al mundo de la taxonomía de primates escribiendo obras fundamentales para el conocimiento actual de la primatología (ej. Hershkovitz, 1977). Igualmente, otros prominentes antropólogos y zoólogos fueron intelectualmente retados por el "descubrimiento" del *A. loysi* y probablemente algunos de ellos pudieron haber sido influenciados a pensar en torno a la variabilidad de los primates debido a este caso. Otro paralelismo entre los casos del Hombre de Piltdown y el del *Ameranthropoides loysi* pueden rastrearse. Ambos defendían paradigmas evolutivos con contenidos racistas, fueron orquestados por personalidades académicas del *establishment* y también fueron el resultado de agendas biopolíticas creadas bajo circunstancias históricas particulares de las sociedades británica y francesa (Wolpoff y Caspari, 1997; Spencer, 1990; este estudio).

También es interesante notar que Montandon construyó al *Ameranthropoides* y lo usó para reconstruir su "filogenia" de la humanidad utilizando sus ideas de hologénesis humana. Montandon explícitamente ignoró otras ideas sobre evolución humana que eran discutidas en ese momento en Europa, recreando al *A. loysi*, grandes simios y humanos no-europeos como los "otros". Él construyó al *Ameranthropoides* con la finalidad de movilizar la discusión de origen de la humanidad en la dirección de sus ideas y preconcepciones, y virtualmente hizo distinciones de "humanización" de acuerdo a sus prejuicios raciales (para una discusión extendida véase Ingold, 1994; Shipman, 1994; Proctor, 2003). En este sentido, tal como indica Procton (2003: 235), "Humanness is only a word, which we can define as we wish. Our ideas about such things have been influenced by many things, including self-love and professional vanities... [but] our efforts to come to grips with existential angst or even genocide [la humanidad es sólo una palabra, que podemos describir como queramos. Nuestras ideas acerca de estas cosas son influidas por muchas cosas, incluyendo amor propio y vanidades profesionales... [pero] nuestros esfuerzos deben venir a prevenir el miedo existencial o incluso el genocidio]". Probablemente, el caso del *Ameranthropoides* puede leerse como uno de los más elocuentes ejemplos de este racional, y puede observarse como el resultado de las cambiantes visiones sobre la humanidad bajo el acto de diferentes presiones socioculturales, ideológicas y políticas.

Como tercer punto, queda considerar que después de más de 75 años de controversia y luego de haberse divulgado numerosos escritos y conferencias sobre el *Ameranthropoides* antes de la muerte de F. de Loys, es posible que éste, que quizá inició el fraude como una broma, pero que escapó de control para convertirse en una disputa académica de relevancia, considerara finalmente demasiado embarazoso desmentir el engaño. Si de Loys hubiera reconocido que la fotografía del supuesto simio fue una broma premeditada, no sólo hubiera perdido cierta fama, sino eventualmente su credibilidad profesional, especialmente cuando había ocupado altos cargos en la industria petrolera mundial. Por ello, probablemente haya considerado más prudente mantenerse silencioso mientras la polémica salía de su control. Además, este representa otro caso en donde argumentos científicos sólidos planteados desde la "periferia" y que hubieran permitido cerrar el caso –como aquellos hechos en Argentina en 1930 por Á. Cabrera en torno a la creación del *Ameranthropoides*– fueron ignorados o probablemente nunca entraron dentro de centro de las mayores discusiones académicas que estaban desarrollándose en Europa.

Finalmente, se sugiere luego de revisar la información de este caso, uno que permaneció prácticamente desconocido en revisiones historiográficas previas (ej. véase Spencer, 1997); que la controversia del *Ameranthropoides loysi* debe consideranse como un fraude bioantropológico y primatológico orquestado con fuertes implicaciones académicas e intrincadas ramificaciones sociopolíticas.

Agradecimientos

Los autores aprecian la cooperación del personal de diversos archivos, bibliotecas y colecciones de primates alrededor del mundo quienes ayudaron en esta investigación. Éstos son los Archivos Geológicos de Petróleos de Venezuela S. A. (antes LAGOVEN S.A., Caracas), Archivos de la Sociedad Venezolana de Espeleología (Caracas), Biblioteca de la Academia de Historia de la Medicina (Caracas), Biblioteca "Marcel Roche" del Instituto Venezolano de Investigaciones Científicas (Caracas), Biblioteca Nacional do Brasil (Río de Janeiro), British Library (Londres), Biblioteca de la University of Illinois at Urbana-Champaign especialmente al Rare and Special Collections Section (EE. UU.), Archivos de la Ville de Lausanne (Suiza), Explorers Club Archives (Nueva York), Archivos B. Heuvelmans en el Musée Cantonal de Zoologie de Laussanne (Suiza), Biblioteca del Musée d'ethnographie de Genève (Suiza), Biblioteca Nazionale Centrale di Roma (Italia), Biblioteca del Dipartamento di Biologia della Universitá di Bologna (Italia), Biblioteca del Dipartamento di Biologia animale e dell'uomo della Universitá "La Sapienza" (Roma, Italia), Library of Congress (Washington DC), Biblioteca Nacional de Venezuela (Caracas), Bibliothèque publique et universitaire de Genève (Suiza), Bibliothèque nationale de France (París), Mammal Division del Field Museum of Natural History (Chicago), Museo de Antropología e Historia del Estado de Yucatán (Mérida, México), Museo de Ciencias de Caracas (Venezuela), Museo de la Estación Biológica Rancho Grande (Maracay, Venezuela) y archivo del periódico *Le Temps* (antes *Journal de Genève*, Suiza).

Igualmente agradecemos a las muchas personas que discutieron y cooperaron a través de los últimos años en la preparación de este trabajo, en orden alfabético, ellos son José Trinidad Angulo (Biblioteca de la Academia de Historia de la Medicina, Caracas), Lilliam Arvelo (Instituto Venezolano de Investigaciones Científicas –IVIC–, Caracas), Michel Azaria (Asociación Judeoespañola en Auschwitz-Bikenau, París), Héli Badoux y Pascale dalla Piazza (Section des Sciences de la Terre, Université de Lausanne, Suiza), Manuela Billaudot (Caracas, Venezuela), Carlos Bosque (Universidad Simón Bolívar, Caracas), Omar Carreño (Caracas y Nanterre), Rafael Carreño (Sociedad Venezolana de Espeleología, Caracas), Paul Cooper y Lorna Mitchell (General and Entomology Libraries, The Natural History Museum, Londres), Bernardette Chevalier (Musée d`ethnographie de Genève), Eugenio de Bellard Pietri[†] (Academia de Ciencias Físicas, Naturales y Matemáticas, Caracas), José Mario Bundy (Belo Horizonte, Brasil), Sabine Theodossiou-de Loys, sobrina de F. de Loys (Lausanne), Henri T. de Loys, sobrino de F. de Loys (Winnetka, EE. UU.), M. M. Derrick (The Royal College of Surgeons of England, Londres), Jean-Jacques Eggler (Archives de la Ville de Lausanne), Beverly Emery (Museum of Mankind, Londres), Sabrina Fabbiano (Archivos del periódico *Le Temps*, Ginebra), Marie-France Fauvet-Berthelot (Société des Américanistes, París), Alain Froment (Société d'Anthropologie de Paris), Edgar Gil (Fudeci, Caracas), Simone Gross (Bibliothèque Municipale, Lausanne), Oliver Glaizot y Michel Sartori (Museé Cantonal de zoologie de Laussane), Terotoshi Hatakeyama (Universidad de Hokaiddo, Japón), Joris Lagarde (Sociedad Venezolana de Espeleología, Caracas y Montpellier), Gerardo Lamas (Museo de Historia Natural, Universidad Nacional Mayor de San Marcos, Lima), Tim Lincoln y Henry Gee (*Nature*,

Londres), Carlos López-Vaamonde y Elisabeth Herniou (The Natural History Museum, Londres), Stuart McCook (College of New Jersey, Ewing), Edgardo Mondolfi[†] (Fudena, Caracas), Martin Morger (Archives Division, International Red Cross, Ginebra), José G. Oroño (La Universidad del Zulia, Maracaibo, Venezuela), Michel Raynal (Franconville), Silvia Rinaldi (Río de Janeiro), Juan Luis Rodríguez (Southern Illinois University, Carbondale), María Fernanda Ruette (Caracas), Anthony Rylands (Conservation International, Washington), Franz Scaramelli (IVIC y Sociedad Venezolana de Espeleología), André Singer (Funvisis, Caracas), Eugenio Szczerban (Infrasur, Caracas), Pierre A. Soder (Naturhistorisches Museum, Basilea, Suiza), John Thackray[†] (The Natural History Museum y Geological Society, Londres), Alejandra Toro y Raul Pessina (Ginebra), Susana Urbani (Caracas) y Erika Wagner (IVIC, Caracas).

Todas la traducciones, excepto del ruso, son responsabilidad de los autores. Apreciamos la traducción del ruso por parte de Eugenio Szczerban, y la cooperación con el francés de Rafael Carreño, Manuela Billaudot y Susana Urbani. Gracias particulares a Franco Urbani (Escuela de Geología, Universidad Central de Venezuela), Paul Garber, Steven Leigh, Matti Bunzl, Melissa Raguet-Schofield (University of Illinois at Urbana-Champaign) y Martin Kowalewski (University of Illinois at Urbana-Champaign y Museo Argentino de Ciencias Naturales "Bernardino Rivadavia") por sus sugerencias, María Alejandra Pérez (University of Michigan, Ann Arbor) por su detallada labor editorial y a Robert W. Sussman (Washington University, St. Louis) por escribir la presentación. Este estudio ha sido un proyecto de largo plazo, y no hubiera sido posible sin la cooperación de las familias Urbani-Nouel y Viloria-Carrizo, muchas gracias...

Apéndices

Apéndice A
Carta de E. Tejera a G. J. Schael (Tejera, 1962)

A continuación se presenta un documento, que ha permanecido prácticamente desconocido en el desarrollo de la larga polémica sobre el *Ameranthropoides*. La carta de Enrique Tejera (1962), jamás ha aparecido en alguna compilación bio-bibliográfica de este autor.

"Caracas, Julio de 1962 – Recibimos ayer del Dr. Enrique Tejera la siguiente carta:
Señor Guillermo José Schael
El Universal
Mi distinguido amigo:

A propósito de un mono nuevo encontrado en Venezuela –que por cierto ya hay bastantes con los conocidos– le diré con motivo de su artículo aparecido en El Universal de hoy, en su columna "Brújula" que me veo en la necesidad de desengañarlo. Tal mono es un mito. Le contaré su historia.

En los primeros meses del año de 1919 [sic] encontrábame yo en París y también allí estaba el Dr. Nicomedes Zuloaga Tovar. Una mañana me telefoneó pidiéndome que leyera en el diario "Le Temps" la columna "Conferencias". Estaba allí anunciada para esa tarde cuyo mote era: "Un mono antropoide en Venezuela. El primero que se encuentra en América".

El tema no podía ser más interesante, no sólo para nosotros sus compatriotas, sino para los sabios especializados en el asunto.

En la tarde concurrimos a la Sociedad de Historia Natural de París. El salón estaba lleno. ¡Qué curiosidad había despertado ese nuevo venezolano!

El conferencista era el señor Montandon, tildado por sí mismo "Explorador Especializado" (?).

Mi sorpresa fue extraordinaria al escucharlo. Siempre había dudado de muchas aseveraciones, pero aquello sobrepasaba lo imaginable.

Creo que el público tuvo otra sorpresa. Y fue que en el auditorio se había escuchado una voz pidiendo la palabra. Quizá el tono fue algo brusco lo confieso.

Rogué al Presidente de la Sociedad que pidiera al señor Montandon que exhibiera de nuevo la fotografía del mono objeto de la conferencia.

He aquí más o menos lo que dije aquel día:

"El señor Montandon nos acaba de decir que el simio éste en cuestión fue encontrado en una región ignota de Venezuela, en que el blanco nunca había llegado. Véase sin embargo en la foto, que el mono está sentado en una caja de un producto americano y por detrás como fondo tiene un platanal. No necesita esto comentarios con respecto a lo ignoto".

"Por otra parte, el señor Montandon ha señalado como de sexo masculino el espécimen aquí retratado. ¿No sabe el conferencista que en ese género de monos el sexo femenino es externo? Los que están aquí, y los hay especialistas, saben que esto es verdad".

"Pero debo agregar algo más: El señor Montandon ha dicho que el mono no tiene cola. Eso es cierto, pero ha olvidado decir algo, y es que no la tiene porque se la cortaron. Puedo asegurarlo así, señores, porque fue delante de mi que se la amputaron".

(movimiento en la sala, etc.)

Conté entonces: "Quien habla en este momento trabajaba para 1917 en un campo de exploración petrolera en la región de Perijá. Estaba como geólogo el señor François De Loys; como Ingeniero el Dr. Martín Tovar Lange.

De Loys era un bromista y muchas veces nos reímos de sus bromas. Un día le regalaron un mono. El mono tenía la cola enferma. Hubo de cortársele. De Loys lo llamaba el hombre mono.

Tiempo después De Loys y yo nos encontramos en otra región de Venezuela: en la zona llamada Mene Grande. Siempre andaba con él su mono mocho.

Allí en Mene Grande murió el simio. De Loys lo fotografió y es esa y creo que el señor Montandon no lo negará, la fotografía que él ha presentado hoy.

Debo decirles señores que cualquier ignaro de la región de Perijá haría con seguridad el diagnóstico de ese mono ahí fotografiado. Allá lo llaman Marimonda. Como ese hay muchos allí.

Señores: los naturalistas especializados saben muy bien que los monos antropoides no tienen externa la vagina y que en cambio este género americano, la mona marimonda, sí la tiene así. Además, si al hacer un género y especie nueva de este mono el naturalista ha hecho una buena descripción del simio, seguro habrá descrito el cráneo y bastará compararlo con la especie "marimonda" para saber que ese es su verdadero nombre y no uno basado sobre un mito.

Creí aquella tarde que aquello había terminado, porque el fin de la conferencia no hay para qué contarlo.

Más últimamente, en un viaje a París mi estupor ha sido grande al visitar el Museo del Hombre. En lo alto de una escalera monumental, llenando la pared del fondo está una inmensa fotografía y debajo puede leerse: "El primer mono antropoide encontrado en América". Es la fotografía de De Loys, pero magníficamente retocada. Ya no se ve el platanal ni se sabe sobre que caja está sentado el mono. El truco ha sido tan bien aprovechado que dentro de unos años el simio en cuestión tendrá más de dos metros. De una farsa nació un mito, más después será la leyenda del "monstruoso hombre-mono de las selvas de América". Y digo de América porque les parecerá entonces pequeño decir que es de Venezuela.

Mi apreciado amigo Schael: esa es la verdadera historia del mono que ha motivado su artículo. Para terminar debo agregarle: Montandon era mala persona. Después de la guerra fue fusilado porque traicionó a Francia, su patria.

Lo saluda cordialmente su amigo,

Enrique Tejera."

La fecha aparecida en el artículo es 1919. La conferencia de París señalada por E. Tejera en los primeros meses de 1919, puede ser quizás la realizada en la Academia de Ciencias de París, en los primeros meses de 1929, específicamente el 11 de marzo. En esa conferencia se celebró una acalorada discusión (Wendt, 1963; Tejera, 1962), donde entre otros puntos se discutió el asunto del tamaño del clítoris del ejemplar, que según los presentes entre ellos, E. Tejera podría sólo ser de una hembra de *Ateles* (Tejera, 1962). El anuncio ha sido buscado exhaustivamente en las ediciones del periódico *Le Temps* de 1919, sin éxito, por ello sugerimos que se trata de un error tipográfico de E. Tejera o en el periódico *El Universal*. Es importante notar que para diciembre de 1919, G. Montandon se encontraba en Japón (Montandon, 1926a; Durand, 1984), específicamente en los pueblos Ainú de Horobetsu, Nina, Piratori, Nieptani, Shadai y Shiraoi (Montandon, 1927; Hatakeyama, 1999: com. pers.). Mientras que F. de Loys y E. Tejera se encontraban en los campos petroleros del sur del Lago de Maracaibo, Venezuela (Tabla 1). Por ello, la fecha correcta de la conferencia ha debido ser 1929. Como dato adicional tenemos que en 1919, Enrique Tejera se encontraba en Venezuela. El 29 de abril de ese año nace su hijo en Caracas (Saenz de la Calzada, 1953) y para mayo de 1919 firma un artículo desde Caracas (Tejera 1919e); por otra parte, no cabe duda de que sí se encontraba en París durante los primeros meses de 1929 (Tejera-París, 1994).

Apéndice B
Finalmente encontrado, el primer americano. Explorador inglés descubre gran antropoide sin cola en Suramérica, acentando teorías evolutivas aceptadas. Por Francis (François) de Loys, F. G. S. (de Loys, 1929b)

Éste es un texto poco conocido y casi lúdico escrito por F. de Loys. A continuación se reproduce,

"Después de pocos segundos de tensa expectación en una tarde caliente de un inolvidable día suramericano, la jungla abierta y de gran oscuridad, apareció un cuerpo velludo desde lo profundo, parado desamañadamente, moviéndose con cólera, y aullando como si él viniera hacia nosotros hasta el borde del claro. La imagen era aterradora.

Allí él se paró, el primer antropoide jamás encontrado en el continente americano – *Ameranthropoides Loysi*.

El dramático descubrimiento ahora estableció el hecho que, en vez de haber sido poblado por razas de origen extranjero – como ha prevalecido en las teorías hasta ahora – América ha tenido, y probablemente todavía tiene habitantes de auténtico grupo americano, las raíces ancestrales de la cual desde la oscuridad del verdadero principio de los tiempos, ha crecido desde el mismo suelo americano.

Antes de dar los detalles de mi captura del hombre-mono, déjeme destacar que el origen del Hombre en las Américas ha sido siempre una cuestión muy discutida. No se había encontrado jamás un antropoide aquí, los científicos en general han concluido que los primeros habitantes humanos del hemisferio occidental, migraron desde Asia o de algún continente ahora sumergido. En el desarrollo de la teoría de la evolución y sus hipótesis corolarias en torno al origen de las razas, la genealogía de América siempre ha presentado un vacío.

En cualquier parte la descendencia del hombre parece ser lógica. Observa un orangután de Malasia, y estarás sorprendido a primera vista por su apariencia asiática, sesgados ojos pequeños, huesos maxilares altos, hombros estrechos, silenciosos y de modales precavidos. En verlos, es como ver a un viejo hombre chino. Con el chimpancé, su forma más erecta del cuerpo, la mayor anchura del pecho, el aspecto franco de cara y su sobre expresión –no puede uno perderse la similitud con el tipo de hombre moreno del norte de África o inclusive del grupo del Mediterráneo. El gorila, negro de piel y pelaje, con su tremendo desarrollo muscular, su prominente mandíbula, y grueso labios, con su estrecha frente y pie plano– el gorila parece en el mundo como una caricatura del Negro de África central, el cual es el hogar de ambos.

En América, sin embargo, como indiqué las cosas no parecen encajar tan bien. Se encuentra el hombre, pero el desarrollo del estudio de la vida animal revela el hecho que entre los tipos inferiores de monos y el hombre no hay nada en común. Los procesos de evolución necesariamente sugieren la presencia del hombre se paró, antes de estar listo para su aparición. Pero, a pesar de ello el hombre estaba aquí.

Hasta mi descubrimiento del antropoide americano, sólo podíamos imaginarnos al hombre migrando desde estas costas. Pero ahora, a la luz de este descubrimiento, es obvio que la falla del bien establecido principio de la evolución cuando se aplico a las Américas fue debido a sólo conocimientos imperfectos. El vacío observado en América entre el mono y el hombre se ha eliminado; el descubrimiento del Ameranthropoides lo ha llenado.

Este descubrimiento, como la mayoría de los otros ocurrió por casualidad, por ello debo confesar que, en aquella muy fría, muy húmeda, y muy tenebrosa tarde cuando encontré al Ameranthropoides, no me encontraba buscando nada. En honor a la verdad, yo trataba de evitar muchas cosas en vez de encontrar unas nuevas. Los bosques ecuatoriales de Suramérica están llenas de cosas que quisieras evitar: mosquitos, serpientes, centípedos, culebras, garrapatas, espinas y fiebres. En mi caso particular, había algo más que intentaba evitar – algo aún peor que la más mortífera de las serpientes o la más amarilla de las fiebres.

Nosotros éramos, una partida de nativos y yo, cortando nuestro camino a lo largo de un denso bosque, virgen e ininterrumpido, la completa cuenca del Catatumbo, en la frontera entre Colombia y Venezuela, seis o siete grados norte del ecuador. Y pasaba que esta región, sin la existencia del hombre blanco y de nativos criollos, era el hogar de los Motilones, una tribu particularmente salvaje y feroz de la muy antigua y guerrera nación de los indios Caribe.

* * *

Estos Motilones resienten el que pasen por sus premisas. Lo resienten tanto que han hecho lo mejor de sí para eliminar a nuestro grupo de personas. Sin siquiera mostrarse a ellos mismos, ellos estaban persistentemente sobre nuestro rastro, como un jaguar buscando a su presa. Si bien estaban armados sólo con arcos y flechas de madera, ellos encontraron la manera de aniquilar a diez y siete de mis hombres – ¡nunca más de dos en una semana!. Por mi parte estaba todavía renco para el momento debido una herida de flecha, la cual por suerte tocó en mi muslo en vez de mi pecho.

Si bien éramos más bien gente harapienta y silenciosa cuando llegamos aquella tarde a ese borde de un tributario ancho. Cuando fui al agua a lavarme del sucio, hojas secas, ramas, espinas, hormigas, pedazos de madera, todo aquello que se había acumulado en mi cuerpo durante aquel día mientras lidiaba con la jungla, un ruido salió del bosque, y los peones lloraron en un instante de miedo: "¡Indios!"

Ameranthropoides loysi Montandon 1929

Pensé que estábamos otra vez siendo atacados por los Motilones, y nos paró el corazón. Juzgando por el ruido, esta vez eran en tal número que no tomaron en cuenta su usual método cuidadoso y silencioso de ataque. Saltamos a nuestros rifles e hicimos todo para recibirlos lo mejor que pudiéramos.

Fue en ese momento cuando mi inmenso hombre-mono apareció de la jungla. Como dije, la imagen era terrífica.

Sin embargo, estaba tranquilizado – ¡no eran los Motilones!

Un segundo monstruo siguió al primer intruso y se paró en la parte baja, tomando parte del acoso de ruidos guturales. Entonces uno de mis hombres, lleno de miedo dio un tiro con el revolver, y se abrió el Pandemonium.

Las bestias saltaron alocadamente de lo alto y golpeando su pecho velludo y sonoro con sus manos; entonces él arrancó precipitadamente una rama de un árbol, blandiéndolo como un hombre con un garrote, como si fuera un asesino digiéndose hacia mí. Le disparé.

* * *

Mi Winchester se llevó lo mejor de la situación. Lleno de balas, el gran cuerpo pronto cayó casi a mis pies y temblando por un tiempo. Él se puso sus brazos sobre la cabeza como ocultando su cara, y sin un ultimo aliento falleció.

El otro nos vio por un buen rato, luego al cuerpo de su pareja muerta, y dando un sonido de horror que aun resuena en mis oídos; salió y andó a través de la jungla impenetrable.

Fue entonces cuando me di cuenta que la victima de aquella visita era de una naturaleza inusitada. Todos los ocupantes del bosque eran conocidos para mí y más aun de mis peones. Sin embargo, se encontraban frente a un inmenso cadáver, dándose cuenta que algún sujeto desconocido y terrorífico del bosque estaba muerto a sus ojos. Ninguno de ellos había visto algo así, y temblaban del terror mientras escudriñaban el tamaño y aspecto robusto de la bestia.

Los miembros de la Sociedad Académica de París, a quienes toda esta información fue enviada, coincidieron con mi primera deducción, que el gran salvaje bruto proveniente del bosque del Catatumbo era el primer simio antropoide jamás encontrado en el continente americano. Mi amigo, el famoso etnólogo, Georges Montandon, del Instituto Francés de Antropología clasificó a la criatura único miembro conocido de una nueva familia de platirrinos, que ha llamado Ameranthropoides Loysi [sic]."

Texto de la figura:

"Fotografía del Ameranthropoides Loysi [sic], disparado por el autor en el Río Catatumbo, en la línea limítrofe entre Colombia y Venezuela".

Apéndice C
Cartas de G. Montandon y G. Colosi a C. Sartori (Sartori, 1931)

A continuación se presenta otro documento, también casi desconocido en el desarrollo de esta larga controversia. Es citado solamente por Beccari (1943) e incluye fragmentos de cartas de G. Montandon y G. Colosi escritas a Cesar Sartori en Brasil, los cuales no han aparecido en los escritos historiográficos conocidos sobre estos autores. Esos fragmentos epistolares están complementados por un escrito del mismo Sartori. El trabajo fue titulado *"Amer-anthropoide Loysi* [sic]. Um grande simio de apparencia anthropoide na America do Sul" y publicado en el *Correio da Manhã*, y es el siguiente:

"Acabo de recibir una honrosa carta del Dr. George Montandon, ilustre antropólogo francés, autor de la célebre obra 'L'ologenése humaine-Ologenisme'.

Entre otras cosas, él dice: 'Avec mon denier mémoire sur le grand singe du Tarra (Venezuela) bàse dans le volume en l'honneur de Rosa, et le principal travail qui l'a precede sur le même sujet. Je vous envole, par pli recomendé, ce que je viens de publier dans le Mercure de France, pour le grand public sur la desconvente de l'hominide de Pékin. [Con mi última memoria sobre el gran mono del Tarra (Venezuela) basado en el volumen en honor a Rosa, y el principal trabajo que lo ha precedido sobre el mismo tema. Yo le envio, por pliego certificado lo que acabo de publicar en el Mercurio de Francia, para el gran público sobre el descubrimiento del Hombre de Pekín].

Et propos der grand signe, que jaurais peut-être mieux fait d'appeleva 'Megalateles' (le nom de Amer-anthropoides prétant a confusión) je seráis vien interessé si jamais vous entendiez quelque chosé à propos de l'existence de cet éter. Le professeur Cabrera, de Buenos Aires me repreche d'avoir voule creer une nouvelle familie, mais reconait qu'il s'agit d'une nouvelle especé ou d'un nouveau genre. Des auteurs d'Europe expriment, some toute, la même opinion. [Y a propósito del gran mono, que tal vez yo hubiese denominado mejor como 'Megalateles' (el nombre de Amer-anthropoides suscita confusión) yo estaría interesado, si alguna vez Ud. escuchara alguna cosa sobre la existencia de este ser. El profesor Cabrera, de Buenos Aires me reprochó de haber querido crear una nueva familia, pero reconoce que se trata de una nueva especie o de un nuevo género. Autores de Europa han expresado a grandes rasgos la misma opinión]'.

Conforme he sabido, los altos dignatarios del reino animal, estos son los Primates, se dividen en dos grupos, del Viejo Mundo, que habitan en Asia y África, también habiendo vivido en Europa. Por la forma de la nariz resultan las siguientes denominaciones:

Platirrinos, son americanos, y cuya nariz es chata y con las narinas ubicadas hacia abajo, como las del hombre. No obstante, el carácter anatómico más importante que distingue un grupo de otro, es su dentición.

Los monos del nuevo continente poseen 36 dientes y son caudados; los del Viejo [Mundo], 32 dientes los que son apenas caudados – Los no caudados, poseen uñas (no garras).

El mayor de los antropoides es el gorila; el chimpancé es menor, y ambos viven en África occidental.

El orangután vive en Borneo y en las otras islas de la Sonda; el gibón en el archipiélago de Java.

La ciencia hasta hoy, afirmaba que no existían antropoides viviendo en América.

Entretanto leyendo la publicación del Dr. G. Montandon 'Decouverte d'un singe d'apparence Anthropoide en Amerique du Sud' del año 1929, y

Ameranthropoides loysi Montandon 1929

'Precisions relatives au grande singe de l'Amerique du Sud' del año 1930, podemos aprender lo que sigue:

'En el año de 1917, François de Loys, doctor en ciencias como geólogo fue para Venezuela, estando más de tres años en aquellos territorios cubiertos de selva, limítrofe de Venezuela con Colombia (Maracaibo) habitado por los indios 'Motilones'. De los 20 hombres de su expedición se salvaron cuatro, los demás murieron por las fiebres y por los Motilones: él mismo fue herido por una flecha.

Desde un punto de vista científico, la expedición adquirió un documento del más alto interés, que refiere a la existencia de un hecho absolutamente nuevo: la existencia actual de un gran simio desconocido en América del Sur, fue muerto en la selva del Río Tarra, y luego fotografiado.

En términos aproximativos, se puede decir que la estatura del gorila esta cerca de dos metros, el chimpancé y el orangután de un metro y medio, el gibón de un metro, el gran simio de América recientemente descubierto; de un metro y veinticinco centrímetros, cabiendo entre el chimpancé y el orangután.

Por la forma del cuerpo se asemeja el ser de Venezuela a un gibón gigante, por el aspecto de los otros (miembros) a un orangután, así como por los pelos, y por las proporciones de los miembros se parece a los antropoides del Viejo Mundo, o a los Ateles del Nuevo Mundo, pero él [el Ameranthropoides] es un platirrino próximo a los Ateles por la reducción de los pulgares anteriores, así como por el desarrollo y disposición de las partes sexuales femeninas; por tanto es mucho mayor que ellos [los Ateles], más corpulento, diferentemente peludo, estando cubierto por pelos fuertes, largos, abundantes, acenizados (pardos) como el Ateles de Bartlett, dispuestos de manera largos e irregulares (orangután), con una mancha blanca triangular en el medio de la frente (cabeza) con arrugas blancas y pelos blancos que sirven de bigotes.

El Amer-anthropoides Loysi, como lo denominó Montandon, y que pertenece al sexo femenino, supera en altura y anchura las mayores especies americanas, y en relación a la estatura, la cabeza es mayor que la de los otros simios (rostro más humanoide que en cualquier otro mono o antropoide o no).

Un hecho nuevo para América, en el Amer-anthropoides Loysi, se verifica la ausencia del apéndice caudal, pues es sabido que todos los monos del nuevo mundo, tienen cola 'prensil' o no, en lo que concierne a la dentadura otro nuevo hecho para las Américas el simio tiene 32 dientes; como se ve, la falta de cola y la formula dentaria, se aproxima el ejemplar, no a los monos americanos, pero sí a los antropoides del Viejo Mundo.

El nuevo ser no fue denominado Antropoide, sino Amer-anthropoide Loysi [sic], clasificado así por causa de la separación de las narinas de los platirrinos, en oposición de los catarrinos que las tienen distintas (Viejo Mundo) – hasta aquí el Dr. Montandon.

En la fecha del 18 de junio de 1929, G. Colosi, el célebre naturalista, y catedrático de ciencias naturales en la Universidad de Nápoles, me escribió: 'En el mes pasado fue publicado el descubrimiento de un simio americano (platirrino), el Amer-anthropoide Loysi, encontrado en las selvas vírgenes entre Colombia y Venezuela, con caracteres análogos (paralelismo morfológico) a los simios antropomorfos (catarrinos) del Viejo Mundo. No se trata por eso de un ser que como los antropomorfos, sea estrictamente afín al hombre, pero la presencia de un simio con caracteres antropoides en América, es sin duda interesante; fue estudiado por Montandon'.

Luego, en fecha de 25 de enero de 1930, el mismo Dr. Colosi vuelve al mismo asunto, escribiéndome:

'Naturalmente no se trata de un simio antropomorfo, y ni pertenece al mismo phylum, del cual tuvo origen el hombre, pero es notable, que conforme los principios del paralelismo morfológico, también otro phylum, el de los platirrinos (monos americanos) que se contraponen a los catarrinos (Viejo Mundo), tuviera la posibilidad de desarrollar otras formas antropoides'

En una nota aparte de las obras mencionadas, el gran antropólogo Montandon dice: 'La presense d'un anthropoïdé en Amérique soutient indirectement la théorie de l'ologénisme ; ce faitabolit l'argument de la répartition des anthropoïdés à la périphérie de l'Ancie Monde – comme s'ils y avaient été chassés par les vagues concentriques de leurs successeurs, arguments invoqué comme preuve du berceau de l'humanité en Asie centrale' [La presencia de un antropoide en América sostiene indirectamente la teoría del hologenismo; este hecho refuta el argumento de repartición de los antropoides en la periferia del Viejo Mundo – como si hubiesen sido expulsados por las oleadas concéntricas de sus sucesores, argumento invocado como prueba de la cuna de la humanidad en Asia Central].

Para finalizar: It reste deux mots à dire de la façon dont peut être interprétée l'existence <u>éventuelle</u> d'un amer- anthropoïdé par rapport à la théorie désormais fameuse du maître Daniele Rosa. Certes, l'existence d'un tel singe ne prouve directement rien pour l'ologénisme, c'est-à-dire pour l'application que nous avons faite à l'homme de l'ologenèse, mais elle parle en un certain sens pour l'ologenèse tout court (départ des espèces non pas à partir de foyer, mais à partir de la surface entière du globe, puis d'aires très vastes) [Quedan dos palabras a comentar sobre la manera como puede ser interpretada la existencia <u>eventual</u> –subrayado nuestro– de un amerantropoide en relación a la teoría particularmente famosa del maestro Daniele Rosa. Ciertamente, la existencia de tal mono no prueba directamente nada hacia el hologenismo, es decir para la aplicación que hemos hecho al hombre de la hologénesis, pero ella habla en cierto sentido en relación a la hologénesis en su sentido restringido (origen de las especies no a partir de un lugar, sino más bien a partir de la superficie entera del globo, por lo tanto de áreas muy vastas)].

La théorie de l'ologenesis y trouvera, à notre sens, un nouvel appui et, de toute façon, les confins colombo-vénézuéliens, méritent de plus amples investigations. Attendons! [*La teoría de la hologénesis, encuentra, a nuestro parecer, un nuevo apoyo y, de todas maneras la frontera colombo-venezolana merecería investigaciones más amplias, ¡Esperemos!*]'

Cesar Sartori"

El texto en español, que no corresponde con nuestras traducciones del francés, representa nuestra traducción directa de la publicación original en portugués. Los errores de trascripción del francés plasmados por Sartori (1931) en el texto original se mantuvieron fieles en nuestra transcripción.

Bibliography/Bibliografía

Acosta V. 1992. El continente prodigioso. Mitos e imaginario en la conquista de América. Caracas: Ediciones Universidad Central de Venezuela, 464 pp.

Anónimo/Anonymous 2003p. Actualité cryptozoologique. http//perso.wanadoo.fr/cryptozoo/actualit/1999/nameranth.htm (Consulted 4-2003).

1929a. Ein neuer Menschenaffe. Kosmos, Stuttgart, July. pp 256-257, 1 fig.

1929b. Research items. An alleged anthropoid ape existing in America. Nature 123(3111): 924.

1929c. [Without title] News and views. Nature 124(3124): 420-421.

1930. [Without title] Recent literature. Journal of Mammalogy 11(2): 247-259.

1930a. Enciclopedia Universal ilustrada Europeo-americana. Madrid: Espasa-Calpe.

1930b. Nota. Razón y fé: Revista Hispano-americana de Cultura, 137: 262.

1931. [Comments on R. Courteville notes in Gringoire]. Mercure de France November 15th, pp. 254-255.

1932. Bibliografía. Revista chilena de historia y geografía, 77: 243-244.

1935. [Without title]. The Explorers' Journal 13(1): 10.

1943. Comunicazioni scientifiche. Beccari, Prof. Nello-Ameranthropoides loysi, gli Atelini e l'importanza della morfologia cerebralle nella classificazione delle scimmie. Archivio per l'Antropologia e l'Etnologia 73 (1-4): 137.

1947. Um antropoide foi morto na fronteira do Brasil com a Venezuela. Folha da Noite, São Paulo, 25 July de 1947. http:/www.uol.br/folha/almanaque/miscelanea_03jun00.htm (Consulted 4-2003).

1952a. Montandon (Jorge Alejo). In: Diccionario Enciclopédico U.T.E.H.A. Tomo VII, M-O. México, D.F.: Unión Tipográfica Editorial Hispano Americana, pp. 713.

1952b. Un jeune savant français part au Venezuela à la recherche de l'homme singe. La France du Sud-Est, Marseille, July 31st.

1959. Revisión-Review. Acta Facultatis Rerum Naturalium Universitatis Comenianae-Anthropologia, 4: 230.

1962. El brollo de la araña-mono. El Gallo Pelón (Humoristic weekly magazine, Caracas), 31 July, 327: 50.

1967. Bibliography. Referativnyi Zhurnal: Biologiia, 6: 64.

1970. Kubê-rop o monstro devorador de homes. O Globo, Rio de Janeiro. September 24th.

1975. Ripley's believe it or not! 18th Series. New York: Pocket Books, 192 pp.

1989. Los antecesores. Orígenes y consolidación de una empresa petrolera. Caracas: Ediciones Lagoven S. A. 256 pp.

1996. De Loys's Photograph: A Short Tale of Apes in Green Hell. The Anomalist 4. http//www.anomalist.com/print/cont4.html (Consulted 4-2003).

1997. Eslabón perdido. Más allá de la Ciencia 21: 65.

1997. Philip Hershkovitz [Obituary]. Neotropical Primates 5(1): 11.

2001. The "Neotropical ape"–Amer-anthropoides loysi. Neotropical Primates 9(2): 73-74.

2003a. [Photo and discussion]. http//www.angelfire.com/ mi/dinosaurs/ bigfoot.html (Consulted 4-2003).

2003b. Ameranthropoides loysi, or Mono Rei. http// cryptozoo.monstrous.com/bigfoot_types.htm#_ Toc524975032 (Consulted 4-2003).

2003c. Ape – or fake? Exhibit K: De Loys' Ape. http// www.geocities.com/heresiac/hall5.html (Consulted 4-2003).

2003d. Bigfoot. http//wwwcryptonews.net/dp/2-11.htm (Consulted 4-2003).

2003e. De Loy's Ape. hhttp//www.fenomeno.trix.net/fenomeno_cripto_1_himinideos-8.htm (Consulted 4-2003).

2003f. de Loys Ape. http//www.occultopedia.com/d/de_ loys_ape.htm (Consulted 4-2003).

2003g. De Loys' Ape. http//www.parascope.com/en/ cryptozoo/missinlinks08.htm (Consulted 4-2003).

2003h. El Mono Grande or Deloy's Ape. http//www. stangrist.com/mono.htm (Consulted 4-2003).

2003i. El Mono Grande. Anomalies 101. http//www. members.trupod.com/burns_mike/a/monogrande/ (Consulted 4-2003).

2003j. Loren's Rant and admonition on the spelling of de Loy' s ape, De Loy's ape etc. http:/www.n2.net/prey/ Bigfoot/creatures/rant.htm (Consulted 4-2003).

2003k. Loy's Ape. http//www.geocities.com/Area51/ Hollow/6614/loysape.htm (Consulted 4-2003).

2003l. Mono Grande. http//www.fortunecity.com/roswell/siren/552/souam_mono_grande.html (Consulted 4-2003).

2003m. Mono Grande. http//www.occultopedia.com/d/mono_grande.htm (Consulted 4-2003).

2003n. News Archiv Kryptozoologie? Galerie Suche Links. de Loys Ape–ein Rätsel des Dschungels. http//www.alien.de/iep/deloysape.htm (Consulted 4-2003).

2003o. The de Loys Hoaxed Photograph. http//home.att.net/~mhall.profiles/ (Consulted 4-2003).

2003q. The Venezuelan Ape Man. http//www.museumofhoaxes.com/photos/Venezuela.html (Consulted 4-2003).

2003r. De Loys' Ape. http:///www.parascope.com/en/cryptozoo/missinglink08.htm

2003s. Maimuta lui de Loys. http//www.eugenkarban.de/rom/mistere/index.Htm/crypto/loysape.htm (Consulted 4-2003).

2003t. Parte III: Carta del médico venezolano Enrique Tejera al diario "El Universal"(un testimonio directo sobre la falsificación del Mono de Loys) http://www.criptozoologia.org/pseudo/pseudo2.htm & http://www.criptozoologia.org/pseudo/tejera.htm (Consulted 12-2003)

2004. La Scimmia di Loys. http://www.criptozoo.com/absolutenm/templates/skin.asp?articleid=146&zoneid=1 (Posted 13-dec. 2004).

2005a. El Yeti de Perijá. http://elnuevocojo.com/Mambo/ (Consulted 3-2005).

2005b. Stloysape. http://www.beepworld.de/members83/kryptozoologie/stloysape.htm (Consulted 3-2005).

2005c. De Loys ape. http://www.abovetopsecret.com/forum/thread22658/pg1 (Consulted 3-2005).

2007a. Ameranthropoides loysi. http://en.wikipedia.org/wiki/Ameranthropoides_loysi (Consulted 6-2007).

2007a. Ameranthropoides loysi. http://www.unexplained-mysteries.com/viewarticle.php?id=62 (Consulted 6-2007).

2007b. Pseudocriptico parte II. http://www.criptozoologia.org/pseudo/pseudo2.htm (Consulted 6-2007).

2007c. Pseudocriptico parte III http://www.criptozoologia.org/pseudo/tejera.htm (Consulted 6-2007).

2007d. El Yeti de Perijá http://elnuevocojo.com/Historia/yeti.html (Consulted 6-2007).

2007e. Ameranthropoides loysi 1 http://www.birseyogren.com/hakkinda/ameranthropoides-loysi/ (Consulted 6-2007).

2007f. Ameranthropoides loysi http://planetcryptozoology.com/index.php/content/view/33/50/ (Consulted 6-2007).

2007g. De Loys' Ape. http://scifipedia.scifi.com/index.php/De_Loys%27_Ape (Consulted 6-2007).

2007h. The Cryptid Zoo: Giant Monkey. http://www.newanimal.org/gmonkey.htm (Consulted 6-2007).

Antolínez G. 1945. El oso frontino y la leyenda del salvaje. Acta Venezolana 1(1): 101-113.

Anzola EJ. 1962. [Without title, under the column "Brújula"]. El Universal (Daily newspaper, Caracas), 12 August: 24.

Arnold R, Macready GA, Barrington TW. (eds.). 1960. The first big oil hunt, Venezuela, 1911-1916. New York: Vantage Press, 353 pp.

Attinger V. (ed.). 1928. Dictionnaire historique y biographique de la Suisse. Tome Quatrième. Administration du Dictionnaire Historique et Biographique de la Suisse, Neuchâtel, p. 557-558.

Bancroft E. 1769. An essay on the natural story of Guiana, in South America. London: T. Becket and P. A. De Hondt, iv + 402 pp., 1 pl.

Bandres J. 1962. [Without title, under the column "Brújula"]. El Universal (Daily newspaper, Caracas), 9 August: 26.

Barkan E. 1996. The retreat of scientific racism: changing concepts of race in Britain and the United States between the world wars. Cambridge: Cambridge Univ. Press. 400 pp.

Barloy J-J. 1985. Les survivants de l'ombre. Paris: Arthaud, p. 245-248.

1979. Merveilles et mystères du monde animal. Famot-François Beauval, Geneve, Vol. 2, pp. 97-98.

Bayle C, Montandon G. 1929. A propos de l'Anthropoïde américain. Journal de la Société des Américanistes de Paris, n. s. 21(2): 411-412.

Beccari N. 1932. Seconda lettera del Prof. Nello Beccari della Guiana Britanica. Bolletino della Reale Societá Geografica Italiana, ser. 4, 9(7-8): 515-524.

1943. A proposito di Ameranthropoides e degli Atelidi e sulla importanza della morfologia cerebrale per determinare la posizione sistematica delle Scimmie. Archivio per l'Antropologia e la Etnologia, Florence 73(1-4): 137.

1943. Ameranthropoides loysi, gli Atelini e l'importanza della morfologia cerebralle nella classificazione delle scimmie. Archivio per l'Antropologia e l'Etnologia 73(1-4):5-114, 2 tav.

1951. Anatomia comparata dei Vertebrati. I. Classifiocazione dei vertebrati apparecchio tegumentario. Florence: Sansoni Edizioni Scientifiche, 265 pp.

Bégouen, M. 1929. Nouvelles et correspondance. La classification de l'ordre des Primates. L'Anthropologie, 39: 573-574.

Bertin L. 1949. La vie des animaux. Paris: Larousse, vol. 2: 461.

Billig J. 1955. Commissariat Général aux Questions Juives. Paris: Centre de Documentation Juive Contemporaine. [Vol. 1, pp. 138-141; Vol. 2, pp. 238-248].

1974. L'instute d'etudes des questions juives. Paris: Centre de Documentation Juive Contemporaine, 217 pp.

Blakey E. S. 1991. To the waters and the wild. Petroleum geology 1918 to 1941. Tulsa: American Association of Petroleum Geologists, 207 pp.

BNCF (Biblioteca nazionale centrale di Firenze). 1947. Bibliography. Bollettino delle pubblicazioni italiane ricevute per diritto di stampa, 1947: 6.

Bohn G. 1929. Le mouvement scientifique. George Montandon: Un singe de apparence anthropoïde en Amérique du Sud. Mercure de France (Paris), 1 July: 168-172.

Boule M, Vallois HV. 1957. Fossil men. A textbook of human paleontology. London: Thames and Hudson, 535 pp.

Boulenger EG. 1936. Apes and monkeys. London: George G. Harrap & Co., Ltd., 236 pp.

1952. Les Singes. Paris: Payot, 216 pp.

Bourdelle E. 1929. Chronique mammalogique. Nouvelles spèces de grands singes. Société naturelle d'acclimatation de France. Revue d'Histoire Naturelle, Première partie, A-Mammifères (París), July: 251-253.

Brandes J. 1962. La habilidad de ciertos monos [Under the column "Brújula"]. El Universal (Daily newspaper, Caracas), 9 August: 26.

Brehm A. 1912. Die Säugetiere. Leipzig: Bibliographische Institut, 4 vols.

Breton R. 1981. Les ethnies. Paris: Presses Universitaires de la France, 127 pp.

Burton M. 1957. Animal legends. New York: Coward-McCann Inc., 318 pp. + [ii].

Cabrera Á. 1900. Estudios sobre una colección de monos americanos. Anales de la Sociedad Española de Historia Natural de Madrid, serie 2, 9: 65-93 + 1 pl., 3 figs.

1930. Sobre el supuesto antropóideo de Venezuela. Physis, Revista de la Sociedad Argentina de Ciencias Naturales 10: 204-209.

1958. Catálogo de los mamíferos de América del Sur. Revista del Museo Argentino de Ciencias Naturales Bernardino Rivadavia 4(1): iv + 307.

Camara I. 1951. [Letter with no title]. In: Tate GHH. The "ape" that wasn't an ape. Natural History 60(7): 289.

Campbell CJ, Aureli F, Chapman CA, Ramos-Fernández G, Matthews K., Russo SE, Suárez S, Vick L. 2003. Terrestrial behavior of spider monkeys (Ateles spp.): A comparative study. American Journal of Physical Anthropology Suppl. 36: 74.

Capitan L. 1929. Actes de la Société. Journal de la Société des Américanistes 21: 263-268.

Cartmill M. 1982. Basic primatology and prosimian evolution. In: Spencer F. A history of American Physical Anthropology, 1930-1980. New York: Academic Press. pp. 147-186.

Case HW. 1921. An exploration of the Río de Oro, Colombia-Venezuela. The Geographical Review 21: 372-383, 1 map. (pl. 7).

Cavalieri, P, Singer, P. 1994. The Great Ape project: Equality beyond humanity. New York: St. Martin's Press, viii, 312 pp.

Celis-Pérez A. 1984. Ensayo biográfico sobre Enrique Tejera Guevara. Valencia: Federación Médica de Venezuela, [iv], frontis. + 68 pp.

Centlivres P, Girod I. 1998. George Montandon et le grand singe américain. L'invention de l'Ameranthropoides loysi. Gradhiva (Revue d'histoire et d'archives de l'anthropologie), France 24: 33-43.

Chapman S. 2001. The monster of the Madidi: Searching for the giant ape of the Bolivian jungle. London: Aurum Press. 242 pp.

Chiarelli A. B. 1972. Taxonomic Atlas of Living Primates. London and New York: Academic Press. pp. 363.

1995. Race: a fallacious concept. International Journal of Anthropology 10(2-3): 97-105.

Clark J. & C. Loren. 1999. Cryptozoology A-Z. New York: Simon & Schuster. 270 pp.

Clark J. 1993. Unexplained! 347 Strange sightings, incredible occurrences, and puzzling physical phenomena. Detroit: Visible Ink Press. 443 pp.

Cohen D. 1967. Myths of the space age. New York: Dodd, Mead and Co., x + 278 pp., 16 pls.

Coleman L, Raynal M. 1996. De Loys' Photograph: a short tale of apes in green hell, spider monkeys, and Ameranthropoides loysi as tools of racism. The Anomalist 4: 84-93.

1996. On the trail: debunking a racist hoax. Fortean Times 90: 42.

2001. Mysterious America: The revised edition. New York: Paraview Press. 334 pp.

Colosi G. 1945. Daniele Rosa. Monitore Zoologico Italiano, 55(1-6): 55.

Comas, J. 1957. Manual de antropología física. Ciudad de México: Fondo de Cultura Económica, 689 pp.

1959. Manual of physical anthropology. Springfield: Charles C. Thomas. 775 pp.

1962. Introducción a la prehistoria general. Universidad Nacional Autónoma de México, D. F: Textos Universitarios, [ii] + 251 pp. + [iii].

1963. Acerca del origen del hombre en América. Revista del Museo Nacional (Perú), 32 (Número especial): 89-112

1974. Antropología de los pueblos iberoamericanos. Barcelona: Editorial Labor, 223 pp.

Corbey R, Theunissen B. editors. 1995. Ape, man, apeman: changing views since 1600. Leiden: Department of Prehistory, University of Leiden, 480 pp.

1998. Simios ambiguos. In: Cavalieri P., Singer P, editors, El Proyecto Gran Simio. La igualdad más allá de la humanidad. Madrid: Editorial Trotta, p. 163-175. (Original edition: 1993. The great ape project: equality beyond humanity. London: Fourth Estate, viii + 213 pp.).

Courteville R. 1931. Sur la piste du pithécanthrope. Gringoire, October 2nd., pp. 11.

1951a. Avec les indiens inconnus de l'Amazonia. Paris: Amiot-Dumont.

1951b. J'ai vu l'homme singe d'Amazonia. Caliban, Paris, May: 25-28.

1952. Pour ou contre Darwin. Unpublished manuscript in Heuvelmans' archives.

Cousins D. (no date). The American Ape Odyssey. Unpublished.

1982. Ape mystery. Wildlife 24(4): 148-149.

Cozort D. 2003. Cryptozoology News February 25, 1998. http// www.members.aol.com/delecoz/ cryptonews.htm (Consulted 4-2003).

Crump I. 1948. Our oil hunters. New York: Dodd, Mead and Company, 210 pp.

Dahlgren, B. 1946. Revista de revistas. Boletín bibliográfico de antropología americana, 9: 278-321.

de Beaux O. 1921. I primate nella IV edizione della Vita degli Animali del Brehm. Giornale per la morfologia dell'uomo e dei primati 3(2-3): 187-189.

de Bellard-Pietri E. 1962. [Without title, under the column "Brújula"]. El Universal (Daily newspaper, Caracas), 25 July: 20.

1962. La araña más grande del mundo es rubia y habita en las selvas de Guayana [Column "Brújula"]. El Universal (Daily newspaper, Caracas), 25 July: 20.

de Jesús-Díaz F, Marín, A. 1982. Enrique Tejera. Gobernación del Estado Carabobo, Dirección de Cultura, Valencia, 76 pp.

de Loys F, Dagenais LE. 1918. Consultation on Perijá-Tarra geology. The Caribbean Petroleum Company, EP-721. [Unpublished report cited but not found. 18 January].

de Loys F, Gagnebin E, Reinhard M, Lugeon M, Oulianoff N, Hotz W, Poldini E, Kaenel FV. 1934. Atlas géologique suisse, flle. 8. St. Maurice.

de Loys F. 1915. Sur la présence de la mylonite dans le Massif de la Dent du Midi. Actes de la Société vaudoise des Sciences Naturelles, 97è sess., (II): 196-197. Reprinted in: Eclogae Geologicae Helvetiae 14(1): 36-37, 1916.

1918a. Les affleurements de mylonite dans le Massif de la Dent du Midi. Bulletin de la Société Vaudoise des Sciences Naturelles 52(194): 183-190.

1918b. General report on the geology and oil possibilities of the Tarra anticline, District of Colon, Western Venezuela. The Caribbean Petroleum Company, EP-50, [iii] + 25 pp. [Unpublished report, 8 September].

1918c. Le décollement des terrains autochtones au col d'Emaney et au col du Jorat (massif de la Tour Salière-Dent du Midi). Eclogae Geologicae Helvetiae, 15(2): 303-308.

1919a. Des lambeaux de flysch exotique dans le massif des Dents du Midi. Bulletin de la Société vaudoise des Sciences Naturelles, 52(196): 91-93.

1919b. General report on the geology and oil possibilities of the Culebra anticline District of Sucre. Western Venezuela. El Cubo: The Caribbean Petroleum Company, EP-722. [Unpublished report, March].

1928. Monographie géologique de la Dent du Midi. Matériaux pour la Carte géologique de la Suisse, n.s., 58: xiv + 80 pp., 1 pl. A. Francke, S. A., Berne, [Édité et accompagné d'un panorama géologique (Carte spéc. 28) par Elie Gagnebin].

1929a. A gap filled in the pedigree of man?. A sensational discovery in South America: a new and strangely human species of the anthropoid apes (hitherto unknown in the western hemisphere). The Illustrated London News, 174(4704): 1040, 2 figs.

1929b. Found al last-The first American. English explorer discovers huge, tailles anthropoid ape in South America, upsetting accepted theories of the evolution of man. The Washington Post, Magazine, Sunday magazine, November 24: 14.

1930a. Lettres d'un géologue au Vénézuéla [Introducción por Elie Gagnebin]. Aujourd'Hui (Lausanne) 5: 3-4.

1930b. Lettres d'un géologue au Vénézuéla. Aujourd'Hui (Lausanne) 6: 3-4.

Devant JJ. 1962. [Without title, under the column "Brújula", a disciple of Montandon replies to Dr. Tejera]. El Universal (Daily newspaper, Caracas), 1 August: 30.

Dewisme C. 1952. Existe-t-il des homes-singes?. Secret du Monde, No. 17, may.

1954. [Three letters to Bit, nickname of B. Heuvalmans]. Unpublished. B. Heuvelman Archives

1952. Existe-t-il des hommes-singes?. Secrets du Monde, Paris 17: 2-10.

Domínguez P. 1962. Los tigres del Yaracuy y los monos jinetes [Under the column "Brújula"]. El Universal (Daily newspaper, Caracas), 4 September: 22.

Ducros A. 1997. Anthropologie et raciologie: À propos d'une interview de Henri-Victor Vallois. Bulletin et Mémoires de la Société d'Anthropologie de Paris 9(3-4): 319-328.

Dumois GM. 1962. El antropoide de Perijá [Under the column "Brújula"]. El Universal (Daily newspaper, Caracas), 23 July: 22.

Dupouy W. 1962. Una nota del archivo de Walter Dopouy [Under the column "Brújula"]. El Universal (Daily newspaper, Caracas), 15 August: 28.

Durand A. 1984. From Sarajevo to Hiroshima. Story of the International Committee of the Red Cross. Gèneve: Henry Durant Institute, 675 pp.

Durlacher AJ. 1936. In unknown Nicoya. In: Dunn JA., editor. Explorers Club Tales. pp. 78-89, 1 pl. New York: Dodd, Mead and Company.

Duvernay-Boles JL. 1995. L'Homme zoologique. Races et racisme chez les naturalistes de la première moitié du XIXe siècle. L'Homme 133: 9-32.

Edwards E. 1992. Introduction. In: Edwards E., editor, Anthropology and photography 1860-1920. pp. 3-17. New Haven: Yale University Press.

Ehret P. 2003. St. Loy's Ape. http:/www.alien.de/mysteries/krypto/affen/stloysape.htm (Consulted 4-2003).

Elliot-Smith G. 1922. Hesperopithecus: the ape-man of the western world. Illustrated London News 160: 942-4

Esciente I. 2005. La viga invisible. Madrid: Ediciones Lulu. com, 293 pp.

Fiasson R. 1960. Des Indiens et des mouches. Dans les llanos du Vénézuela. París: Casterman, 213 pp.

Flores-Virla J. 1962. Arañas con cara de "titi" [Under the column "Brújula"]. El Universal (Daily newspaper, Caracas), 21 July: 24.

Ford SM, Davis LC. 1992. Systematics and body size: implications for feeding adaptations in New World monkeys. American Journal of Physical Anthropology 88(4): 415-468.

Fromentin p. 1954. Monstres et bêtes inconnues. Tours: Mame. 214 pp.

Gable A. 2007. El Mono Grande. The CryptoWeb: Online Encyclopedia of Cryptozoology.http://www.fortunecity.com/roswell/siren/552/souam_mono_grande.html (Consulted 6-2007).

Gagnebin E. 1928. Préface. In: de Loys F., editor. Monographie géologique de la dent du Midi. Matériaux pour la Carte géologique de la Suisse, n.s., 58: III. Berne: A. Francke S. A., Berna, [Signed as February 1925].

1930. Introduction. Lettres d'un géologue au Vénézuéla. Aujourd'Hui (Lausanne) 5: 3.

1935. François de Loys [Obituary]. Gazette de Lausanne 319/320: 1.

1947. Le transformisme et l'origine de l'Homme. 2d. ed. Lausanne: F. Rouge and Cie., 185 pp., 12 pls., [First edition: 1927. Le transformisme. Paris: J. Vrin, 218 pp. Another edition in 1936].

Gantès R. 1979. Le mystère des hommes des neiges. Paris: Études Vivantes, pp. 40.

García Fr. G. 1981. Origen de los indios del Nuevo Mundo. México, D. F.: Fondo de Cultura Económica, xli + 419 pp. (First edition 1601).

Garnett R. 1959. [Letter to B. Heuvelmans]. February 23th. Unpublished. Archive of B. Heuvelmans.

Gaude PE. 1940. La propagande raciste. Le professeur français déjà cité continue de défendere les théories nazies dans une revue hitlérophile. La Lumière, Paris, 26 April, 677:1, 3

Gaylord-Simpson G. 1984. Mammals and cryptozoology. Proceedings of the American Philosophical Society, 128 (1): 1-20

Gilmore RM. 1950. Fauna and ethnozoology of South America. In: Steward J., editor. Handbook of South American Indians. Washington, D. C: Smithsoniam Institution. Vol. 6:345-464.

Gini C. 1954. Book review: Roger Courteville. Avec les Indiens de l'Amazonie. Amiot-Dumont, Paris. 1951. Genus, Italy 10: 1-2.

1962. Vecchie e nuove testimoniznze o pretese testimonianze sulla esistenza di ominidi o subominidi villosi. Genus, Italy 18(1-4): 13-54.

Glaser HSR. 1996. The first two primate research stations. Primate Report, 45: 15-27.

Grant J. 1991. Unexplained mysteries of the world. London: Quintet Publishing Limited, 224 pp.

1992. Monster mysteries. Secaucus: Chartwell Books, pp. 13.

Grassé PP. 1955. Traíte de Zoologie. París: Masson. 1170 pp.

Gremaud R. 2007. Der Riesen-Affe von Venezuela. Mysteries 3 (21) 56-58.

Gremiatsky MA. 1933. [Theory of hologenesis in biology and anthropology]. Antropologischeskii Zhurnal, Moscow 1933(3): 64-82. (in Russian)

1934. [Hologenism of Dr. Montandon]. Antropologischeskii Zhurnal, Moscow 1934(1-2): 55-57. (in Russian)

Groves C. P. 1997. Order Primates. In: Wilson, D. E. & Reeder D. M. (Eds.) Mammal species of the World: A taxonomic and geographic reference. Baltimore: The John Hopkins University. pp. 243-277.

2001. Primate Taxonomy. Washington DC: Smithsonian Institution Press, 350 pp.

2005. Order Primates. In: Wilson, D. E. & Reeder D. M. (Eds.) Mammal species of the World: A taxonomic and geographic reference. Baltimore: The John Hopkins University. pp. 111-184.

Grumley M. 1970. There are Giants in the Earth. London: Sidgwick and Jackson, 154 pp.

Hall D. 1991. Measuring the Mono Grande. Strange Magazine, Fall issue: 3.

Haraway D. 1989. Primate visions. Genus, race, and nature in the world of modern science. New York: Routledge, [x] + 486 pp.

Hax. 1997. Letters to the editor. Comments to Coleman L. and Raynal M. 1996. De Loys' photograph: A short tale of apes in green hell, spider monkeys, and Ameranthropoides loysi as tools of racism. The Anomalist 4: 84-93; 5: 145-147.

Heinemann D. 1971. Singes cébides du Nouveau Monde. In: Grzimek B., editor. Le monde animal en 13 volumes. Zürich: Éditions Stauffacher. Vol. 10: 348-349.

Hershkovitz P, Rode P. 1945. Désignation d'un lectotype de Callithrix penicillatus (E. Geoffroy). Bulletin du Muséum d'histoire naturelle, Série 2 17(3): 221-222.

Hershkovitz P. 1949. Mammals of northern Colombia. Preliminary report No. 4: monkeys (Primates), with taxonomic revisions of some forms. Proceedings of the United States National Museum 98(3232): 323-427.

1960. Supposed ape-man or "missing link" of South America. Chicago Natural History Museum Bulletin 31(4): 6-7.

1977. Living New World monkeys (Platyrrhini). Chicago: The University of Chicago. 1132 pp.

Heuvelmans B, Porchnev B. 1974. L'Homme de Néardenthal est toujours vivant. Paris: Plon, pp. 21.

Heuvelmans B. 1951. Que penser de ce pithécantrope?. Caliban, May: 27-28.

1952. Existe-t-il encore des "homes-singes" contemporains de nos premiers ancêtres?. Sciences et Avenir, March, 61:120-126.

1955. Sur la piste des bêtes ignorées. Paris: Libraire Plon. 2 vols., [x] + x + 376 p., 30 pls. + [ii]; viii + 372 pp., 31 pls. [English edition: 1958. On the track of unknown animals. London: Rupert Hart-Davies, 558 pp., 30 pls. Translated by Garnett R].

1986. Annotated checklist of apparently unknown animals with which cryptozoology is concerned. Cryptozoology 5: 1-26

1990. [Letter to G. J. Samuels]. March 15th. Unpublished. Archive of B. Heuvelmans.

Heyder CH. 1962. Carta para el Doctor Enrique Tejera [Under the column "Brújula"]. El Universal (Daily newspaper, Caracas), 20 July: 28.

Hill WCO. 1962. Primates. Comparative anatomy and taxonomy. V. Cebidae, Part B. Edinburgh: The Edinburgh University Press, xxii + 537 pp.

Hitching F. 1978. The world atlas of mysteries. London: William Collins Sons and Co. Ltd., 256 pp.

Honoré F. 1927. Les «Singeries» de l'Institut Pasteur a Kindia et a Paris. L'Illustration, Paris, 4390: 407-409.

1929. Un nouveau singe à faciès humain. L'Illustration, Paris, 13 April, 173(4493): 451.

Hooton EA. 1931. Up from the ape. New York: The Macmillan Company, xx + frontis. + 625 pp. + [iii], 28 pls.

1942. Man's poor relations. Garden City: Doubleday, Doran and Company Inc., xl + frontis. + 412 pp. + [iv], 63 pls.

1947. Up from the ape. [ed. rev.]. New York: The Macmillan Company, xxiv + 788 pp.

Hutt LGR. 1959. [Letter to B. Heuvelmans]. July 18th. Unpublished. Archive of B. Heuvelmans.

Ingold T. 1994. Humanity and animality. In: Ingold T. Companion encyclopedia of anthropology: Humanity, culture and cognition. London: Routledge. pp 14-32.

International Commission of Zoological Nomenclature (ICZN). 1999. International code of zoological nomenclature. 4th ed. London: The International Trust for Zoological Nomenclature, xxx + 306 pp.

Issel R. 1919. L'Ologenesis.–Nuova teoria dell'evoluzione e della distribuzione geografica dei viventi. Giornale per la morfologia dell'uomo e dei primati 3(1): 51-60.

Jackson, J. 2001. France: the dark years, 1940-1944. New York: Oxford University Press. 660 pp.

Jacob M, Reinach S. 1980. Lettres a Liane de Pougy. Paris: Plon, [Letter of July 29th. 1929 mentions the Amer-anthopoides, pp. 278-279].

Jamin J. 1989. Le savant et le politique: Paul Rivet (1876-1958). Bulletin et Mémoires de la Société d'Anthropologie de Paris 1(3-4): 277-294.

Janson HW. 1952. Apes and ape lore in the Middle Ages and the Renaissance. London: The Washburn Institute Studies, No. 20, 384 pp., 55 pls.

Joleaud L. & Alimen, H. 1945. Les temps préhistoriques. París: Flammarion. 242 p.

Joleaud L. 1929. Remarques sur l'evolution des primates sud-américains à propos du grand singe du Vénézuéla. Revue Scientifique Illustrée, 11 May: 269-273.

Joly E, Affre P. 1995. Les mostres sont vivants. Paris: Grasset, pp. 90-92.

Kappler C. 1980. Monstres, démons et merveilles à la fin du Moyen Age. Paris: Payot, 350 pp.

Keel JA. 1970. Strange creatures from time and space. Greenwich, Ct.: Fawcett Publications Inc., 288 pp.

1994 The complete guide to mysterious beings. New York: Doubleday. 352 pp.

Keith A. 1910. A new theory of the descent of man [About Klaatsch theory]. Nature, December 15th., 85(2146): 206.

1911. Klaatsch's theory of the Descent of Man. Nature, February 16th., 85(2155): 509-510.

1929. The alleged discovery of an anthropoid ape, in South America. Man 29(8): 135-136.

Kellogg R, Goldman EA. 1944. Review of the spider monkeys. Proceedings of the United States National Museum, 96(3186): 1-45.

Keymis L. 1596. A relation of the second voyage to Guiana. Perfourmed and written in the yeare 1596. London: Thomas Dawson, [67] pp.

King W. W. 1980. [Letter to B. Heuvelmans]. Caro, Michigan, January 23rd. Unpublished. Archive of B. Heuvelmans.

Kinzey WG. 1997. Introduction. In: Kinzey WG, editor. New World Primates. Ecology, evolution and behavior. New York: Aldine de Gruyter, 453 pp.

Knobel M. 1988. L'ethnologue a la derivé: Montandon et l'ethnoracisme. Ethnologie Française 18(2): 107-113.

Köhler W. 1925. The mentality of apes. London: Kegan Paul Ltd., viii + 342 pp. + [2] pp., 19 pls.

Krumbiegel I. 1950. Von neuen und unentdeckten Tierarten. Stuttgart: Franckh. 80 pp.

Lane FW. 1939. Nature parade. London: Jarrolds Publishers, Ltd., [iv] + 316 pp.

Leonard, J. 1985. Les origines et les consequences de l'eugenique en France. Annales de démographie historique, 1985: 103-114.

Lester P. 1930. M Montandon donne quelques précisions au suject du grand Singe américain. L'Anthropologie 40: 116-117.

Lewin R. 1987. Bones of contentions. Controversies in the search for human origins. New York: Simon and Schuster, Inc., 348 pp.

Ley W. 1948. The lungfish and the unicorn. An excursion into romantic zoology. London: Hutchinson's Scientific and Technical Publications, 254 pp.

Linares OJ. 1998. Mamíferos de Venezuela. Caracas: Sociedad Conservacionista Audubon de Venezuela and British Petroleum, 691 pp. [34 láms.] + [i].

Lizarralde R, Beckerman S. 1986. Respuesta a Fr. Adolfo de Villamañan. Antropológica 66: 99-106.

Lizarralde R. 1991. Barí settlement patterns. Human Ecology 19(4): 437-452.

Lozano-Rey L. 1931. Los vertebrtados terrestres. Madrid: Editorial Labor. 12 plates + 79 figs., 189 pp.

Macintyre M, MacKenzie M. 1992. Focal length as an analogue of cultural distance. In: Edwards E, editor. Anthropology and photography 1860-1920. New Haven: Yale University Press, p. 158-164.

Marcano G. 1889. Ethnographie précolombienne du Venezuela. Paris: Typographie A. Hennuyer, 91 p., 19 pls.

Martin R. 1928. Lehrbüch der Anthropologie. Stuttgart: Gustav Fischer Verlag, 3 vols.

Martínez A. 1986. Cronología del petróleo venezolano. Caracas: Ediciones Cepet, 367 pp.

Martínez JF. 1962a. Los monos castradores de colmenas de Libertad de Orinoco [Under the column "Brújula"]. El Universal (Daily newspaper, Caracas), 1 August: 30.

1962b. No hay "salvajes" en la zona de Altagracia [Under the column "Brújula"]. El Universal (Daily newspaper, Caracas), 8 August: 22.

Martínez-Mendoza J. 1962a. El mono gigante que habita en las selvas de Venezuela [Under the column "Brújula"]. El Universal (Daily newspaper, Caracas), 18 July: 24.

1962b. Montandon no fue un charlatán dice Jerónimo Martínez Mendoza [Under the column "Brújula"]. El Universal (Daily newspaper, Caracas), 21 July: 24.

Mathis M. 1954. Vie et mœurs des anthropoïdes. Paris: Payot, 199 pp. + [ix], 8 pls.

Mattos A. 1941. A raça de Lagôa Santa: velhos e novos estudos sobre o homem fóssil americano. Rio de Janeiro: Compañía Editora Nacional. 502 pp.

Mattos A. 1961. O homem das cavernas de Minas Gerais. Belo Horizonte: Editora Itatiaia Limitada, Coleção Decoberta do Mondo.

May R. 1960. Passeport pour l'insolite. Paris: Éditions La Palatine, pp. 172-176.

Mazet E. 1999. Céline et Montandon. Bulletin Célinien 200: 20-31.

McConnell A. 2003. The land that maple white found. http//hometown.aol.com/kickaha23/ maple.html (Consulted 4-2003).

McCook S. 1996. "It may be truth, but it is not evidence": Paul du Chaillu and the legitimation of evidence in the field sciences. Osiris 11:177-197.

McKenna M C, Bell S K. 1997. Classification of mammals above the species level. New York: Columbia University Press. xii + 631 pp.

Midgley M. 1999. Beast and man. The roots of human nature. New York: Routledge. 416 pp.

Miller MEW, Miller K. 1992. In search of Loys' giant ape of South America. World Explorer 1(2):18-22.

1991. Further investigations into Loys's "ape" in Venezuela. Cryptozoology 10:66-71.

Miller MEW. 1998. The legends continue: Adventures in cryptozoology. Kempton: Adventures Unlimited Press. 229 pp.

Mitchell RW. 1999. Scientific and popular conceptions of the psychology of great apes from the 1790s to the 1970s; Déjà vu all over again (History of great ape psychology). Primate Report, 53: 3-120.

Mittermeier RA. 1987. Effects of hunting on rain forest primates. In: Marsh, C, Mittermeier, RA, editors. Primate conservation in the tropical rain forest. New York: Alan R. Liss, Inc, pp. 109-146.

Montagu F. 1929. The discovery of a new anthropoid ape in South America?. The Scientific Monthly 29: 275-279, 2 figs.

1930. The tarsian hypothesis and the descent of man. The Journal of the Royal Anthropological Institute of Great Britain and Ireland 60: 335-362.

1942. Man's most dangerous myth; the fallacy of race. New York: Columbia University Press, xi + 21 pp. + 216 pp.

Montandon G. 1913. Au Pays Ghimirra, récit de mon voyage à travers le Massif éthiopien, (1909-1911). Paris, Neuchâtel: Chalamel, Attinger frères, 424 pp., 14 pls. [simultaneously published in Bulletin de la Société Neuchâteloise de Géographie, 22: 1-424, 14 pls.].

1919. La généalogie des instruments de musique et les cycles de civilisation: étude suivie du Catalogue raisonné des instruments de musique du musée de Genève, Archives suisses d'Anthropologie générale, 3(1): 1-120.

1926a. Craniologie paléosibérienne. L'Anthropologie 36: 447-542.

1926b. L'origine des types juifs. L'Humanité, 15 December: 3.

1927. Au Pays des Aïnou. Exploration anthropologique. Paris: Masson and Cie, viii + 241 pp., 3 cartes, 49 pls.

1928. L'ologenese humaine (ologénisme). Paris: Librairie Félix Alcan, xii + 477 pp., 14 pls.

1929a. Un Singe d'apparence anthropoïde en Amérique du Sud. Comptes rendus hebdomadaires des Seances de l'Académie des Sciences 188(11): 815-817.

1929aa. Mouvement scientifique. Stolpe-Collected essays in ornamental art. L'Anthropologie, 39: 322-324.

1929ab. Mouvement scientifique. Puccioni-Africa Nord-Orientale e Arabica. Indagine antropometrica sulla posizione sistematica degli Etiopici. L'Anthropologie, 39: 532-533.

1929ac. Mouvement scientifique. Lebzelter-Bericht über eine Studien- und Forschungsreise nach Südafrika. Old Negro skull form caves in the northern Transvaal. Anthropological observations on some Strandlooper skeleton remains in the Transvaal Museum.. L'Anthropologie, 39: 535-537.

1929ad. Mouvement scientifique. Lothrop-The indians of Tierra del Fuego. L'Anthropologie, 39: 547-549.

1929ae. Mouvement scientifique. Sachs-Geist und Werden der Musikinstrumenten. L'Anthropologie, 39: 557-559.

1929af. Mouvement scientifique. Lindblom-Further notes on the use of stilts. The use of hammock in Africa. L'Anthropologie, 39: 559-561.

1929b. Un singe d'apparence anthropoïde en Amérique du Sud. La France Médicale April: 9-10. [Présentée par M. E.-L. Bouvier].

1929c. Un singe anthropoïde actuel en Amérique. Revue Scientifique Illustrée 67(1): 268-269.

1929d. Un singe d'apparence anthropoïde en Amérique du Sud. La Nature 2809: 439-440.

1929e. L'ologénisme ou ologènese humaine. L'Anthropologie 39: 103-122.

1929f. Découverte d'un Singe d'apparence anthropoïde en Amérique du Sud. L'Anthropologie 39: 137-141.

1929g. Découvertes d'un singe d'apparence anthropoïde en Amérique du Sud. Journal de la Société des Américanistes de Paris, n. s. 21(1):183-195, pls. iv-v.

1929h. Un singe anthropoïde en Amérique. Journal de Gèneve 100(158):2.

1929i. L'ologenèse (ologénisme). La Nature 2799: 570.

1929j. L'ologénisme. Revue Scientifique Illustrée 67(2):45-56

1929k. L'ologénisme. La France Médicale 10:1-9.

1929l. Une nouvelle théorie sur l'apparition de l'homme: l'ologénisme. Journal de Gèneve 100(91):1-2.

1929m. Une voute cranienne Aïnou surbaissée. L'Anthropologie 39:271-282.

1929n. Mouvement scientifique. Taviani-La categoria dei denti molari dell'uomo. L'Anthropologie, 39: 296-298.

1929p. Mouvement scientifique. Borovka-Korrelatsia osnovnykh antropologhitcheskikh priznakov v zavisimosti ot pola i vozrasta. L'Anthropologie, 39: 298.

1929q. Mouvement scientifique. Nestourkh-Niékotoryé dannyé po ghématologhii godovalovo orang-outana. L'Anthropologie, 39: 304-305.

1929r. Mouvement scientifique. Bessiédine-K voprousou o grouppovom (po krovi) rasprédélénii Rousskikh. L'Anthropologie, 39: 305.

1929s. Mouvement scientifique. Lebzelter-Römische Schädel aus der Steiermark. L'Anthropologie, 39: 306.

1929t. Mouvement scientifique. Shapiro-Contributions to the craniology of Central Europe. I, Crania from Greifenberg in Carinthia. L'Anthropologie, 39: 306-308.

1929u. Mouvement scientifique. Tebebiskaïa-Schenger-Krymskié Tatary. L'Anthropologie, 39: 308.

1929v. Mouvement scientifique. Zolotarev-Kolskié Lopari. L'Anthropologie, 39: 308-310.

1929w. Mouvement scientifique. Jochelson-Peoples of Asiatic Russia. L'Anthropologie, 39: 310-311.

1929x. Mouvement scientifique. Bounak-Un pays de l'Asie pe connu: le Tanna-Touva. Communication préliminaire. L'Anthropologie, 39: 311-313.

1929y. Mouvement scientifique. Aziz-Etude morphologique des cránes néo-calédoniens et des nègres africanas. L'Anthropologie, 39: 314-315.

1929z. Mouvement scientifique. Oetteking-Morphological and metrical variation in skulls from San Miguel Island, California. II, The foramen magnum: shape, size, correlations. L'Anthropologie, 39: 321-322.

1930a. Précisions relatives au grand singe de l'Amérique du Sud. Archivio Zoologico Italiano 14(2-4):441-459.

1930b. Quelques précisions au sujet du grand Singe américain. L'Anthropologie 40:116-117.

1931a. Les statues simiesques du Yucatán. Journal de la Société des Américanistes de Paris, n. s. 23: 249-250, pl. ii.

1931b. Contribution à l'études écrivains originaux. Mercure de France 15 November, 254-255.

1933. La race, les races. Mise au point d'ethnologie somatique. Paris: Payot, 229 p., 24 pls.

1934. L'ologénesè culturelle. Traité d'ethnologie cycloculturelle et d'ergologie systématique. Paris: Payot, 778 pp.

1935. L'Ethnie française. Paris: Payot, 240 pp., 48 pls.

1939a. L'état actuel de l'etnhologie raciste et le manifeste italien sur le "racisme". Scientia, January: 32-46.

1939b. L'ethnie putana. La Difenza della Razza, 5 November: 18-23.

1940. Comment reconnaître et expliquer le Juif?. Paris: Nouvelles Éditions Françaises, 90 pp.

1943. L'Homme préhistorique et les préhumains. Paris: Payot, 355 pp. + [i], 16 pls.

Morris R, Morris D. 1966. Men and apes. New York: McGraw-Hill, 271 pp.

Morrone JJ, Viloria ÁL. 2000. Del descubrimiento de un raro simio en el Nuevo Mundo al racismo "científico". Hechos dudosos y teorías peligrosas. http//www.percano.com.mx/medicomoderno/2000/septiembre-2000/hechos-dudosos.htm (Consulted 4-2003).

Muñoz-Puelles, V. 1993. Huellas en la nieve. Madrid: Anaya & Mario Muchnik. 281 p.

Nestourkh M. 1932. [Discovery of anthropomorph specimens in Sumatra and South America. I. Orang-Pendek. II. Ameranthropoides]. Antropologischeskii Zhurnal, Moscow 1932(2):177-180, 1 plate. (in Russian)

1936a. [Supplementary mammae of primates]. Antropologischeskii Zhurnal, Moscow, 1936(3): 327-344. (in Russian).

1936b. [The findings of Australopitecus transvaalensis]. Antropologischeskii Zhurnal, Moscow, 1936(4): 475-476. (in Russian).

1960. L'origine de l'homme. Moscow: Académie des Sciences, Editions des langues étrangères, 362 p., 1 pl. (original in Russian, 1932).

Newton M. 2005. Encyclopedia of cryptozoology: A global guide to hidden animals and their pursuers. Jefferson, North Carolina: McFarland & Company. 576 pp.

Nickell J. 1995. Entities: Angels, spirits, demons, and other alien beings. Amherst: Prometheus Books, 297 pp.

Noel B. 1981. History of American paleoanthropological research on early Hominidae, 1925-1980. American Journal of Physical Anthropology 56: 397-405.

Nolasco-Hernández P. 1962. Leyenda del "salvaje" del Estado Lara [Columna Brújula]. Diario El Universal (Caracas), 3 August: 26.

Olivieri G. 1999. Le mystérieux singe du Vaudois de Loys. 24 Heures (15 October).

Oppenheim S, Remane A, Gieseler W. 1927. Methoden zur Untersuchung der Morphologie der Primaten. Handbüch der biologische Arbeitsmethoden 236: 531-682, 62 figs.

Oppenheim S. 1929. Nochmals Ameranthropoides loysi (Montandon). Die Naturwissenschaften 17(35): 689.

Osgood WH. 1912. Mammals from western Venezuela and eastern Colombia. Field Museum of Natural History, Publication 115, Zoology Series 10(5): 32-67.

Oyuela-Caicedo A, Raymond JS. 1998. Preface. In: Oyuela-Caicedo A, Raymond JS, editors. Recent advance in the archaeology of the northern Andes. Los Angeles: The Institute of Archaeology, University of California, 173 pp. vii-viii.

Páez ME. 1959. El monstruo de Perijá. ¿Esta en Venezuela el eslabón perdido?. Elite (Weekly magazine, Caracas), October 31st., 35 (779): 64-67.

Paviot de Barle OE. 1945. Sur la piste du pithécanthrope. Faculte de Medecine de Paris, Thesis médecine, no. 499, 56 pp.

Peabody Ch. 1930. Discussion and correspondence. Dr. Louis Capitan. American Anthropologist, 32: 567-568.

Peraza JF. 1962a. Carta de un coleccionista de arañas [Under the column "Brújula"]. El Universal (Daily newspaper, Caracas), 21 July: 24.

1962b. Observación a una nota del Dr. de Bellard [Under the column "Brújula"]. El Universal (Daily newspaper, Caracas), 8 August: 22.

Pericot-García L. 1962. América indígena. Tomo I. Barcelona: Salvat.

Phillips E., editor. 1988. Misterious creatures. Amsterdam: Time-Life Books, 144 pp.

Phisalix M., Tejera E. 1920. Sur une hémegrégarine et ses kistes de multiplication chez un lézard Iguanidé, Tropidurus torquatus, Wied. Bulletin de la Société de Pathologie Exotique 13(12): 783-785.

Picasso F. 1992. More on the Mono Grande Mistery. Strange Magazine, Summer issue, 9: 41-42.

Pittard E. 1921. Prospectours. Explorateurs suisses. Journal de Gèneve, March 2nd 92(60): 2.

1922. Musée Ethnographique. Compte Rendu de l'Administration Municipale pendant l'année 1921, Ville de Genéve: 93-99.

Contribution a l'étude craniologique des bosquimans. L'Anthropologie, 39: 233-261.

Proctor RM. 1988. From Anthropologie to Ressenkunde in the German anthropological tradition. In: Stocking, Jr. GW. Bones, bodies, behavior. Essay on biological Anthropology. Madison: The University of Wisconsin Press. pp 138- 179.

2003. Three roots of human recency. Molecular anthropology, the refigured Acheulan, and the UNESCO response to Auschwitz. Current Anthropology 44(2): 213-239.

Ravalli R. 2007. The Coleman-Shoemaker debate: An evaluation 10 years later http://thehive.modbee.com/?q=node/3441 (Consulted 6-2007).

Raynal M, Coleman L. 1997. Michel Raynal and Loren Coleman reply. The Anomalist 5: 147-153.

Raynal M. 2002. Pour en finir avec l'Ameranthropoïde. La Gazette Fortéenne, France 1: 33-118.

Rayski A. 2005. Choice of the Jews under Vichy: Between submission and resistance. Notre Dame: University of Notre Dame Press. 388 pp.

Reclus É. 1894. Nouvelle géographie universelle: la Terre et les Hommes, vol. XIX. Amérique du Sud. L'Amazonie et La Plata, Guyanes, Brésil, Paraguay, Uruguay, République Argentine. Paris: Librairie Hachette et Cie. [vi] + 824 pp., 1 carte.

Remane A. 1929a. Ameranthropoides, der angebliche Anthropoide Südamerikas. Die Naturwissenschaften 17(31): 626. (2 August)

1929b. Schweizebart. Anthropologische Anzeiger 6(3): 215.

Rioja E. 1929. El hallazgo en Venezuela de un mono platirrino en apariencia antropoide. Conferencias y Reseñas Científicas de la Real Sociedad Española de Historia Natural 4(3): 119-121.

Rivet P, de Armellada C. 1951. Les Indiens Motilones. Journal de la Société des Américanistes de Paris, n. s. 39: 15-57.

Rivet P. 1943. Les origines de l'homme américain. Paris: Librairie Gallimard, 198 pp.

Rode P. 1937. Les primates de l'Afrique. Paris: Larouse, xi + 222 pp., 13 pls.

1918. Ologenesi. Nuova teoria dell'evoluzione e della distribuzione geografica dei viventi. Florence: R. Bemporad and Figlio, xii + 320 pp.

Russell D. 2003. de Loys Ape-Mono Grande Another cryptozoological enigma bites the dust as the famous de Loys

Ape turns out to be just a spider monkey. http//www.xproject.net/ archives/cryptozoology/deloysape.html (Consulted 4-2003).

Ryan C. J. 1930. News from the archaeological field. Theosophical Path Magazine, 38 (1): 70-72.

Ryan D. F. 1996. The Holocaust & the Jews of Marseille: The enforcement of anti-Semitic policies in Vichy France. Urbana: University of Illinois Press. 288 pp.

Sáenz de la Calzada C, editor 1953. Diccionario biográfico de Venezuela. Madrid: Tipografía Blass, S.A., 1558 pp.

Samuels G. J. 1990. [Letter to B. Heuvelmans]. Beltsville, Maryland, January 11th. Unpublished. Archive of B. Heuvelmans.

Sancho. 1962. Más sobre el mono, la marimonda y la araña [Under the column "Brújula"]. El Universal (Daily newspaper, Caracas), 23 July: 22.

Sanderson IT. 1957. The monkey kingdom. New York: Hanover House, 200 pp.

1961a. Abominable snowmen: legend come to life. Chilton Company Book Division, Philadelphia and New York, xviii + 525 pp. + [i], 16 pls.

1961b. Homme-des Neiges et Hommes-des-Bois. Les primates ignores du monde. Translation by J. Autret. Paris: Plon, 477 pp.

1962. Hairy primitives or relic submen in South America. Genus (Rome) 18: 60-74.

1967. Things. New York: Pyramid Books, 188 pp. + [iv].

Sarmiento R. 1962. No podría ser una araña [Under the column "Brújula"]. El Universal (Daily newspaper, Caracas), 29th July: 24.

Sartori C. 1931. Amer-anthropoide Loysi [sic]. Um grande simio de apparencia anthropoide na America do Sul. Correio da Manhã, (Sunday magazine, Río de Janeiro), 13rd September: 1.

Schael GJ. 1962a. El hombre y la araña [Under the column "Brújula"]. El Universal (Daily newspaper, Caracas), 16th July: 26.

1962b. [Without title, under the column "Brújula"]. El Universal (Daily newspaper, Caracas), 18th July: 28.

1962c. [Without title, under the column "Brújula"]. El Universal (Daily newspaper, Caracas), 21st July: 24.

1962d. Más sobre el mono, el oso y la araña [Under the column "Brújula"]. El Universal (Daily newspaper, Caracas), 26th July: 26.

1962e. Finiquito de "El Gallo Pelón" [Under the column "Brújula"]. El Universal (Daily newspaper, Caracas), 2nd August: 28.

1962f. Inmerecido olvido de la perrita "Laika" y de la mona "Abbes" [Under the column "Brújula"]. El Universal (Daily newspaper, Caracas), 15th August: 28.

Schomburgk R. 1841. Reisen in Guiana und am Orinoko. Leipzig: Verlag von Georg Wigard, xxiv + 510 pp., 6 pls.

Seabrook W. 1944. Saved in the jungle by his monkey Pocahontas. American Weekly Magazine, San Francisco Examiner, California, p. 9.

Sempere AM. 1963. Apuntes de Geología. Madrid: Editorial Don Bosco.

Seres M. 1997. Giant Primates of the New World. Alleged and true discoveries of large primates in South America. Ameranthropoides loysi, or Mono Rei. Yerkes Regional Primate Research Center. (http://www.primate.wisc.edu/pin/monorei/html). 24 January.

Shea BT. 1984. Between the gorilla and the chimpanzee: A history of debate concerning the existence of the koolookamba or gorilla-like chimpanzee. Journal of Ethnobiology 4(1): 1-13.

Shipman P. 1994. The evolution of racism. Human differences and the use and abuse of science. New York: Simon & Schuster. pp. 318.

Shoemaker M. 1991. The mystery of the Mono Grande. Strange Magazine, 7: 2-5, 56-60.

1997. Letters to the editor [Comments to Coleman, L. and Raynal, M. 1996. De Loys' Photograph: A short tale of apes in green hell, spider monkeys, and Ameranthropoides loysi as tools of racism. The Anomalist, 4: 84-93.]. The Anomalist 5: 143-145.

Shuker KPN. 1991. Aping around in South America?. Strange Magazine, Summer, (18): 54-55.

1991. Extraordinary animals worldwide. London: Robert Hale, 208 pp.

1993. The lost ark. New and rediscovered animals of the twentieth century. London: Harper Collins Publishers, 287 pp. + [i].

1995. In search of prehistoric survivors. Do giant 'extinct' creatures still exist?. London: Blandford, 192 pp.

1996. The world atlas of the unexplained. An illustrated guide to the world's natural and paranormal mysteries. Dubai: Lomond Books, 224 pp.

1998a. Another missing photo?. A photograph as mysterious and rarely seen as the ape it portrays. Fortean Times, February 107: 48.

1998b. A third Ameranthropoides loysi photo witness. Fortean Times, July (112): 16-17.

1998c. Monkeying around with our memories?. Strange Magazine, December 20: 40-42.

1999. Atlas de lo inexplicable. México: Edit. Diana, 224 pp.

2000. Brazilian monkey business. Fortean Times 134: 21.

2007. Extraordinary animals revisited. Bideford: CFZ Press. 309 pp.

Silverberg R. 1965. Scientists and scoudrels: a book of hoaxes. New York, Thomas Crowell. [The case of the Venezuelan Ape-Man, p. 171-187].

Singer C. 1997. L'Université libérée, L'Université épurée (1943-1947). Paris: Les Belles Letres

Smith DG, Mangiacopra GS. 2002. The Ameranthropoid ape revisited. America's anthropoid ape. Crypto, Hominology Special Number II: 18-22.

Smith W. 1976. Lost cities of the ancients-unearthed. Zebra Books, Kensington Publ. Co. (Chapt. 3: The Marauding Monsters of South America), pp. 36-39.

Società Italiana d'Antropologia e Etnologia. 1943. Presidenza e Consiglio per il bienio 1941-43. Comitato di Redazione. 73(1-4): n/p.

Société des Américanistes. 1928. Membres de la Société des Américanistes. Journal de la Société des Américanistes de Paris, n. s. 20: n/p.

Spencer F. 1990. Piltdown. A scientific forgery. London: Natural History Museum Publications and Oxford University Press. 304 pp.

1997. History of physical anthropology, An encyclopedia. New York: Garland Publishing, Inc. 1195 pp.

Stein GJ. 1988. Biological science and the roots of Nazism. American Scientist 76: 50-58.

Stepan N. 1982. The idea of race in science: Great Britain 1800-1960. London: Macmillan Press, xxi + 230 pp.

Steyermark J, Delascio F. 1985. Contribuciones a la flora de la Cordillera de Perijá, Estado Zulia, Venezuela. Boletín de la Sociedad Venezolana de Ciencias Naturales 40(143): 153-294.

Straka H. 1980. 8 años entre Yucpas y Japrérias. Caracas: Ediciones de la Presidencia de la República, 89 pp. [Reprinted in El Guácharo (Sociedad Venezolana Espeleología) 38: 119-135. 1996].

Sussman RW 2000. Piltdown Man, the father of American field primatology. In: Strum SC, Fedigan, LM. Primate Encounters. Chicago: The Chicago University Press. pp 85-103.

Szalay FS, Delson E. 1979. Evolutionary story of Primates. New York: Academic Press, xii + 580 pp.

Tate GHH. 1939. The mammals of the Guiana region. Bulletin of the American Museum of Natural History 76(4): 151-229.

1951. Letters. The "ape" that wasn't an ape. Natural History 60(7): 289.

Tejera E, Rísquez JR, Perdomo Hurtado B. 1921. Centenario de la Academia de Medicina de París. Gaceta Médica de Caracas 28(2):15-16.

Tejera E. 1913. Sobre un caso de verruga del Perú. Gaceta Médica de Caracas 20(21): 213-214.

1917a. Sobre un nuevo tratamiento de la disentería amibiana. Memorias del Segundo Congreso de Medicina, Maracaibo, 18-23 January pp. 53-55.

1917b. Sobre un nuevo tratamiento de disentería amibiana. Revista Vargas 4: 71-74.

1917c. Varios casos de leishmaniosis americana en el Estado Zulia. Gaceta Médica de Caracas 24(16): 145-146.

1918a. Un caso grave de estomatitis ulcero-membranosa. Tratamiento por el nitrato de plata y el azul de metileno. Revista Vargas 2: 32-36.

1918b. Dos casos de paludismo hereditario comprobados microscópicamente. Gaceta Médica de Caracas 25(23): 244.

1919a. Algunos casos de anuria en la fiebre biliosa hemoglobinúrica tratados con maceración de riñón de puerco. Revista de Medicina y Cirugía 11: 235-239.

1919b. Sobre fiebre recurrente. Gaceta Médica de Caracas 26(7): 72-73.

1919c. El agente trasmisor de la fiebre recurrente en Venezuela. Gaceta Médica de Caracas 26(7): 73-75.

1919d. La tripanosoma americana o enfermedad de Chagas en Venezuela. Anales de la Dirección de Sanidad Nacional, Caracas 1(1-2): 73-85.

1919e. La Tripanosome américaine ou maladie de Chagas au Vénézuéla. Bulletin de la Société de Pathologie Exotique 12(8): 509-513.

1920a. La Leishmaniose américaine au Vénézuéla. Bulletin de la Société de Pathologie Exotique 13(4): 238-240.

1920b. Tripanosomiases animales au Vénézuéla. Bulletin de la Société de Pathologie Exotique 13(4): 297-305.

1920c. Nouve flagelle du Rhodnius prolixus, Tripanosoma (ou Crithidia) rangeli n. sp. Bulletin de la Société de Pathologie Exotique 13(7): 527-530.

1962. Carta del Dr. Enrique Tejera sobre el mono de Perijá [Under the column "Brújula"]. El Universal (Daily newspaper, Caracas), 19 July: 28.

Tejera-París E. 1994. La formación de un caraqueño. Caracas: Editorial Planeta Venezolana, S. A., 510 pp. + [xii].

1997. Tejera, Enrique. In: Pérez-Vila M, editor. Diccionario de Historia de Venezuela. Caracas: Fundación Polar. Vol. T-Z:29-30

Tinland F. 2003. L'homme sauvage. Homo ferus et Homo sylvestris de l'animal à l'homme. Paris: L'Harmattan. pp. 287.

Trigger BG. 1989. A history of archaeological thought. Cambridge: Cambridge University Press. xv + 500 pp.

Turolla P. 1970. Beyond the Andes. New York: Harper and Row, [Mono Grande, pp. 123-293.

Unda-Santi R. 1962. Aparición de un oso gigante en el Guárico [Under the column "Brújula"]. El Universal (Daily newspaper, Caracas), 20 July: 28.

Urbain A, Rode P. 1946. Les singes anthropoïdes. Paris: Presses Universitaires de France, 128 pp. [Reprinted in 1948].

Urbain A. 1940. L'habitat et les mœurs du gorille. Sciences, 35: 53.

Urbani B, Viloria, ÁL, Urbani F. 2001. La creación de un primate: el "simio americano" de François de Loys (Ameranthropoides loysi Montandon, 1929) o la historia de un fraude. Anartia, Publicaciones ocasionales del Museo de Biología de La Universidad del Zulia, 16: 1-56.

Urbani F. 2001. Exploración petrolera en la cuenca del Río Lora, Perijá, Zulia: Pozos PERITO-1 y PEBIY-1. Boletín de Historia de las Geociencias de Venezuela 74: 3-72.

Vaillant A. 1929. Varieté. Séance du 20 mars 1929. Comunications. L'Anthropologie, 39: 137-141.

Valéry P. 1942. Mauvaises pensées et autres. Paris: Gallimard, 119 p. [Qui peint l'homme et le singe, pp. 119].

Vallois H. 1929. Mouvement scientifique. Selignan-The Barí. L'Anthropologie, 39: 313-314.

Vallois HV. 1947. Mouvement scientifique: Beccari N. Ameranthropoïdes loysi, gli Ateline e l'importanza della morfologia cerebrale nella classificazione delle scimie. L'Anthropologie 51: 500-501.

Viloria ÁL, Mondolfi E, Yerena E, Herrera F. 1997. Nuevos registros del oso de anteojos o frontino (Tremarctos ornatus F. Cuvier) en la Sierra de Perijá, Venezuela. Memoria de la Sociedad de Ciencias Naturales La Salle 55(143): 3-13.

Viloria ÁL, Urbani F, McCook S, Urbani B. 1999a. De Lausanne aux forêst vénézuéliennes. Missión géologique de François de Loys (1892)-1935) et les origines d'une controverse anthropologique. Bulletin de la Société vaudoise des Sciences naturelles 86(3):157-174.

Viloria ÁL, Urbani F, Urbani, B. 1998. François de Loys (1892)-1935) y un hallazgo desdeñado: La historia de una controversia antropológica. Interciencia 23(2): 94-100.

1999b. La verdad del mono venezolano [Carta al Editor]. Interciencia 24(4): 229-231.

Viloria ÁL. 1997. Fuentes para el estudio de la Sierra de Perijá. Maracaibo: La Universidad del Zulia, Rectorado. 169 pp. + [vii].

Volkmann F. 1954. Unknown Apes of the Americas. Fate 7(8):94-97.

Walker E. 1964. Mammals of the World. 3 volumes. Baltimore: Johns Hopkins University Press. 1500 pp. 1st Edition.

Wassén H. 1934. The frog-motive among the South American Indians. Ornamental studies. Anthropos, Austria 29: 319-370.

Wegner RN. 1910. A new theory of the descent of man [About Klaatsch theory]. Nature, November 24th. 85(2143): 119-121.

Weidensaul S. 2002. The ghost with trembling wings: Science, wishful thinking and the search for lost species. New York: North Point Press. 352 pp.

Weinert H. 1930. Der "südameriknische Menschenaffe". Mitteilungen aus der Zoologisches Garten der Stadt Halle 25(11): 5-7.

1950. Über die neuen Vor- und Frühmenschenkunde aus Afrika, Java, China und Frankreich. Zeitschrift für Morphologie und Anthropologie 42: 113-148.

Weinreich M. 1946. Hitler's professors: The part of scholarship in Germany's crimes against the Jewish people New York: Yiddish Scientific Institute-YIVO. 291 pp.

Welfare S, Fairley J. 1980. Arthur C. Clarke's mysterious world. London: Collins, [iii] + 218 pp.

Wellers G. 1982. [Letter to B. Heuvelmans]. Paris, September 20th. Unpublished. Archive of B. Heuvelmans.

Wendt H. 1956. Auf Noahs spuren. Die entdeckung der Tiere. Hamm: G. Grote Verlag. viii + 574 pp. + [ii], 64 tfln. [English edition: 1959. Out of Noah's ark. The story of man's discovery of the animal kingdom. London: Readers Union, Weidenfeld and Nicolson, xii + 464 pp].

1971. Der Affe steht auf. Reinbeck bei Hamburg: Rowohlt Verlag GmbH. 349 pp.

1980. Die entdenkung der Tiere, von der einhornlegende zur verhaltensforschung. Munich: Christian Verlag, 374 pp. [Spanish edition: 1982. El descubrimiento de los animales. De la leyenda de unicornio hasta la etología. Barcelona: Editorial Planeta, S. A., 323 pp + [i].

Wolfheim JH. 1983. Primates of the world. Distribution, abundance, and conservation. Seattle: University of Washington Press, xxiv + 832 pp.

Wolpoff M, Caspari R. 1997. Race and human evolution: a fatal attraction. Boulder, Co.: Westview Press, 462 pp.

Wood-Jones F. 1929. Man's place among mammals. London: Edward Arnold & Co. xi + 372 pp.

Young RJC. 1995. Colonial desire. Hybridity in theory, culture and race. London: Routledge. 224 pp.

Zell-Ravenheart O. Dekirk A. 2007. A Wizard's Bestiary: A Menagerie of Myth, Magic, and Mystery. Franklin Lakes: New Page Books, 357 pp.

TABLES/TABLAS

Table 1. Chronology of François de Loys and Enrique Tejera in the state of Zulia, Venezuela.

Tabla 1. Cronología de François de Loys y Enrique Tejera en el estado Zulia, Venezuela.

François de Loys (Site, date, reference) / Sitio, fecha, referencia	Enrique Tejera (Site, date, reference/Sitio, fecha, referencia)
-El Cubo, Perijá, July/Julio, 24th, 1917 (de Loys 1930a)	-Maracaibo, January/Enero, 18th-23rd, 1917 (Tejera 1917a)
-Perijá, August/Agosto, 1917 (Viloria *et al.* 1998)	-Perijá, August/Agosto, 23rd, 1917 (Tejera 1918a)
-Tarra, Perijá, Septiember/Septiembre, 1917 (Archives de la Ville de Lausanne)	-Perijá, August/Agosto, 25th, 1917 (Tejera 1917c)
-Aricuaizá, Perijá, October/Octubre, 3rd, 1917 (de Loys 1930a)	-Mene Grande, October/Octubre, 15th, 1918 (Tejera 1918c)
-El Cubo, Perijá, January/Enero, 1918 (Archives de la Ville de Lausanne)	-Mene Grande, October/Octubre, 26th, 1918 (Tejera 1919a)
-El Cubo, Perijá, January/Enero, 19th, 1918 (de Loys 1918b)	-Mene Grande, February/Febrero, 25th, 1919 (Tejera 1919b)
-El Cubo, Perijá, July/Julio, 1st, 1918 (de Loys 1930a)	-Mene Grande, March/Marzo, 3rd, 1919 (Tejera 1919c)
-El Cubo, Perijá, July/Julio, 21st, 1918 (de Loys 1930b)	-Caracas, May/Mayo, 12th, 1919 (Tejera 1919e)
-Caracas, Septiembre/September, 8th, 1918 (de Loys 1918b)	-Mene Grande, February/Febrero-March/Marzo, 1920 (Phisalix, Tejera 1920)
-El Cubo, Perijá, November/Noviembre, 6th, 1918 (de Loys 1930b)	-Mene Grande, April/Abril, 20th, 1920 (Tejera 1919d)

Table 1. (Continuation).
Tabla 1. (Continuación).

François de Loys (Site, date, reference) / Sitio, fecha, referencia	Enrique Tejera (Site, date, reference/Sitio, fecha, referencia)
-Mene Grande, November/ Noviembre, 20th, 1918 (Archives H. T. de Loys) -Maracaibo, March/Marzo, 30th, 1920 (de Loys 1930b) -Maracaibo (a Holanda/to Holland), May/Mayo, 17th, 1920 (de Loys 1930b)	-París, 1919-1921 (Tejera-París 1994) -París, December/Diciembre, 23rd, 1920 (Tejera et al. 1921) -París, First half of 1929/Primera mitad de 1929 (Tejera-París 1929)

Table 2. Synonyms of the family Atelidae, the genus *Ateles* and the species *Ateles hybridus* selected from this study.

Tabla 2. Sinónimos de la familia Atelidae, el género *Ateles* y la especie *Ateles hybridus* seleccionados de este estudio.

For family/Para familia: Atelidae	For genus/Para género: *Ateles*	For species/Para especie: *Ateles hybridus*
-Amer-anthropoidæ Montandon 1929	-*Ameranthropoides* Montandon 1929	-*Ameranthropoides loysi* Montandon 1929
-Mangiocopridae Smith and Mangiacopra 2002	-*Amer-anthropoides* Montandon 1929 *lapsus calamis*	-*Amer-anthropoides Loysi* Montandon 1929 *lapsus calamis*
	-*Megalateles* Weinert 1930 *nomen nudum*	-*Ateles loysi* Keith 1929 *nomen nudum*
		-*Ateles beelzebub* Sanderson 1961 *lapsus calamis*

Table 3. Synchronic publications about human hologenesis and *Ameranthropoides loysi* by G. Montandon.

Tabla 3. Publicaciones sincrónicas de G. Montandon sobre la hologénesis humana y el *Ameranthropoides loysi*.

Topic/Tópico: Human hologenesis/ Hologénesis humana (Publication date/ Fecha de publicación)	Topic/Tópico: *Ameranthropoides loysi* (Publication date/Fecha de publicación)	Journal name/Nombre de la revista
1) December/ Diciembre, 15th, 1928	1) May/Mayo, 15th, 1929	1) *La Nature*
2) January/Enero, 26th, 1929	2) May/Mayo, 11th, 1929, (via Jouleaud, 1929)	2) *Revue Scientifique Illustrée*
3) February/Febrero, 23rd, 1929	3) April/Abril, 13th, 1929, (via Honoré, 1929)	3) *L'Illustration*
4) March/Marzo, 13th, 1929	4) March/Marzo, 20th, 1929	4) *L'Anthropologie*
5) April/Abril, 1929	5) April/Abril, 1929	5) *La France Médicale*
6) April/Abril, 4th, 1929	6) June/Junio, 12th, 1929	6) *Journal de Gèneve*

Figures/Figuras

Figure 1. Location of the Tarra River and southern Lake Maracaibo basin, Venezuela.

Figura 1. Localización del río Tarra y sur de la cuenca del Lago de Maracaibo, Venezuela.

Figure 2. Portraits of François de Loys (Left: Courtesy of S. Theodossiou-de Loys), George Montandon (Center: Montandon, 1933) and Enrique Tejera (Right: Celis-Pérez, 1984).

Figura 2. Retratos de François de Loys (Izquierda: Archivo S. Theodossiou-de Loys), George Montandon (Centro: Montandon, 1933) y Enrique Tejera (Derecha: Celis-Pérez, 1984).

Ameranthropoides loysi Montandon 1929

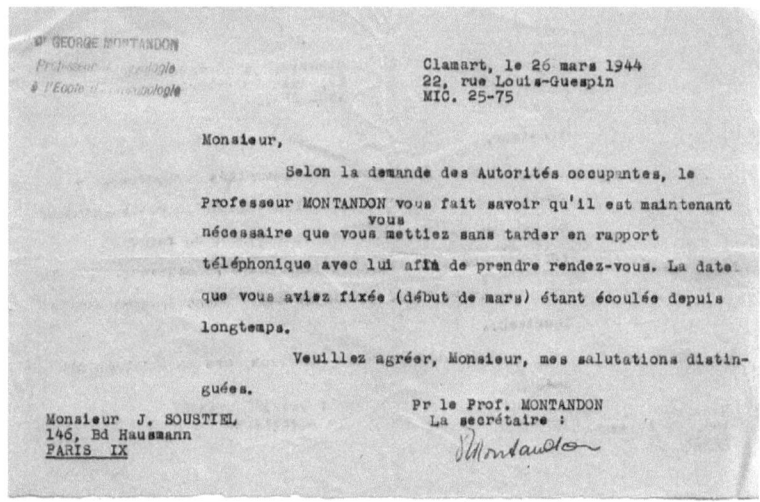

Figure 3. Letter written by G. Montandon during the Nazi occupation in France (Courtesy of M. Azaria).

Figura 3. Carta escrita por G. Montandon durante la ocupación nazi en Francia (Cortesía de M. Azaria).

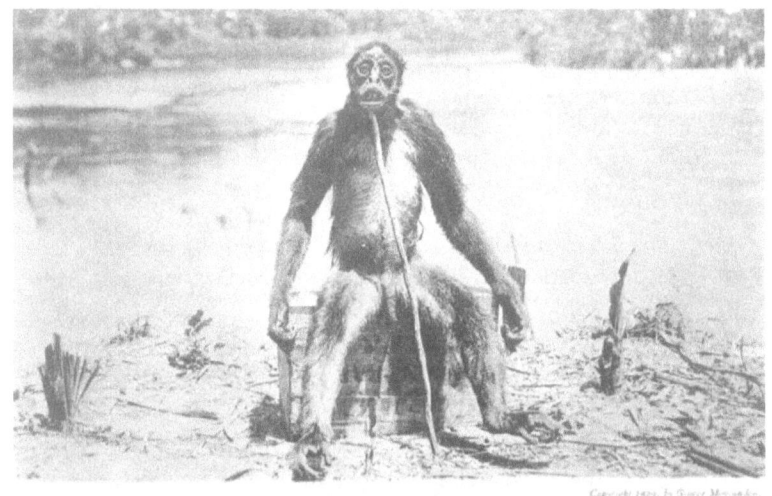

Figure 4. The original photograph of the *Ameranthropoides loysi* (Montandon, 1929f).

Figura 4. La fotografía original del *Ameranthropoides loysi* (Montandon, 1929f).

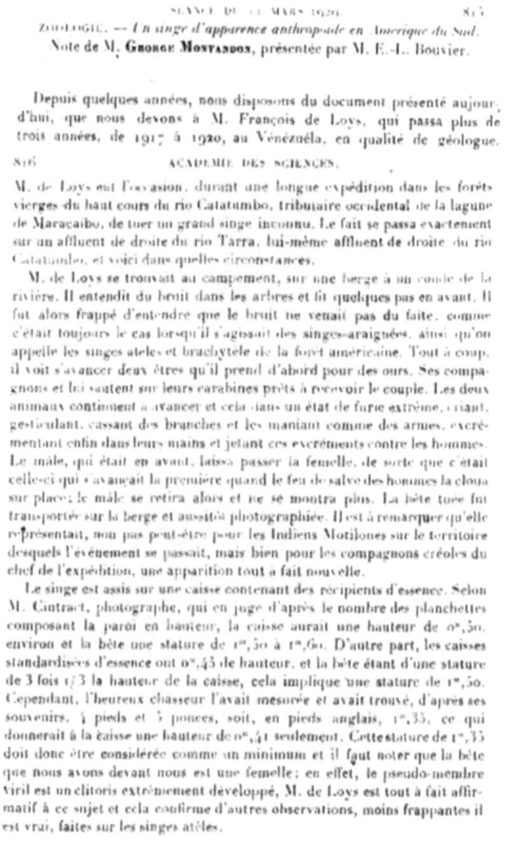

SÉANCE DU 11 MARS 1929. 815

ZOOLOGIE. — *Un singe d'apparence anthropoïde en Amérique du Sud.* Note de M. GEORGE MONTANDON, présentée par M. E.-L. Bouvier.

Depuis quelques années, nous disposons du document présenté aujourd'hui, que nous devons à M. François de Loys, qui passa plus de trois années, de 1917 à 1920, au Vénézuéla, en qualité de géologue.

816 ACADÉMIE DES SCIENCES.

M. de Loys eut l'occasion, durant une longue expédition dans les forêts vierges du haut cours du rio Catatumbo, tributaire occidental de la lagune de Maracaibo, de tuer un grand singe inconnu. Le fait se passa exactement sur un affluent de droite du rio Tarra, lui-même affluent de droite du rio Catatumbo, et voici dans quelles circonstances.

M. de Loys se trouvait au campement, sur une berge à un coude de la rivière. Il entendit du bruit dans les arbres et fit quelques pas en avant. Il fut alors frappé d'entendre que le bruit ne venait pas du faîte, comme c'était toujours le cas lorsqu'il s'agissait des singes-araignées, ainsi qu'on appelle les singes atèles et brachytèle de la forêt américaine. Tout à coup, il voit s'avancer deux êtres qu'il prend d'abord pour des ours. Ses compagnons et lui sautent sur leurs carabines prêts à recevoir le couple. Les deux animaux continuent à avancer et cela dans un état de furie extrême, criant, gesticulant, cassant des branches et les maniant comme des armes, excrémentant enfin dans leurs mains et jetant ces excréments contre les hommes. Le mâle, qui était en avant, laissa passer la femelle, de sorte que c'était celle-ci qui s'avançait la première quand le feu de salve des hommes la cloua sur place; le mâle se retira alors et ne se montra plus. La bête tuée fut transportée sur la berge et aussitôt photographiée. Il est à remarquer qu'elle représentait, non pas peut-être pour les Indiens Motilones sur le territoire desquels l'événement se passait, mais bien pour les compagnons créoles du chef de l'expédition, une apparition tout à fait nouvelle.

Le singe est assis sur une caisse contenant des récipients d'essence. Selon M. Cintract, photographe, qui en juge d'après le nombre des planchettes composant la paroi en hauteur, la caisse aurait une hauteur de $0^m,50$ environ et la bête une stature de $1^m,50$ à $1^m,60$. D'autre part, les caisses standardisées d'essence ont $0^m,45$ de hauteur, et la bête étant d'une stature de 3 fois 1/3 la hauteur de la caisse, cela implique une stature de $1^m,50$. Cependant, l'heureux chasseur l'avait mesurée et avait trouvé, d'après ses souvenirs, 4 pieds et 5 pouces, soit, en pieds anglais, $1^m,35$, ce qui donnerait à la caisse une hauteur de $0^m,41$ seulement. Cette stature de $1^m,35$ doit donc être considérée comme un minimum et il faut noter que la bête que nous avons devant nous est une femelle; en effet, le pseudo-membre viril est un clitoris extrêmement développé, M. de Loys est tout à fait affirmatif à ce sujet et cela confirme d'autres observations, moins frappantes il est vrai, faites sur les singes atèles.

Figure 5. First article of G. Montandon about the *Ameranthropoides* (Montandon, 1929a).

Figura 5. Primer escrito de G. Montandon sobre el *Ameranthropoides* (Montandon, 1929a).

Figure 6. Retouched *Ameranthropoides* by Honoré (1929).

Figura 6. El *Ameranthropoides* retocado por Honoré (1929).

Ameranthropoides loysi Montandon 1929

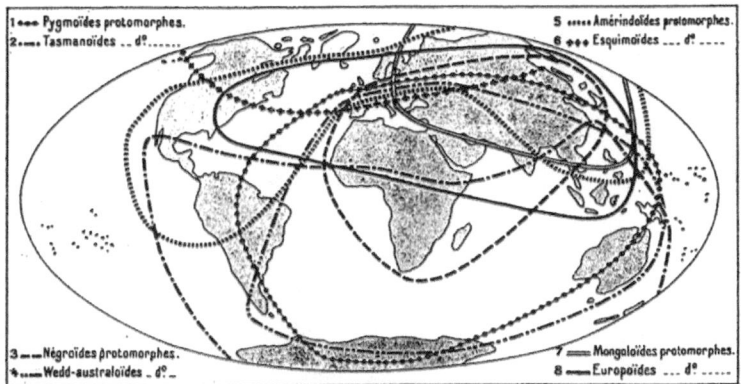

Figure 7. Peopling of the world according to the hologenetic model (Honoré, 1929).

Figura 7. Poblamiento del mundo según el modelo de hologénesis (Honoré, 1929).

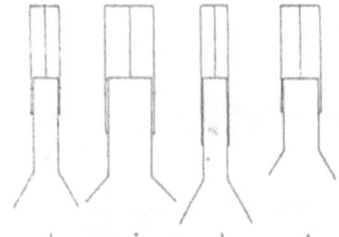

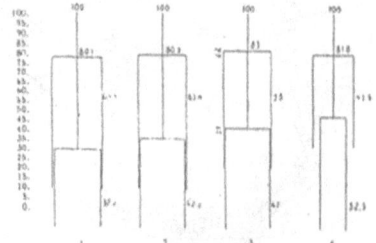

Figure 8. Above: Reconstruction of body proportions of the *Ameranthropoides* in regard to other New and Old World primates according to Oppenheim (1929). Bottom: Body proportions of the *Ameranthropoides* with regard to the chimpanzee and the human as seem by Montandon (1930a) after Oppenheim (1929).

Figura 8. Arriba: Reconstrucción de las proporciones corporales del *Ameranthropoides* con respecto a otros primates del Nuevo y Viejo Mundo según Oppenheim (1929). Abajo: Proporciones corporales del *Ameranthropoides* en relación con el chimpancé y el humano como fue visto por Montandon (1930a) en Oppenheim (1929).

Ameranthropoides loysi Montandon 1929

Figure 9. First article of F. de Loys about the *Ameranthropoides* (de Loys, 1929a).

Figura 9. Primer escrito de F. de Loys sobre el *Ameranthropoides* (de Loys, 1929a).

Figure 10. Comparison of *A. loysi* with the genus *Ateles* and human (Montandon, 1930a).

Figura 10. Comparación del *A. loysi* con el género *Ateles* y el humano (Montandon, 1930a).

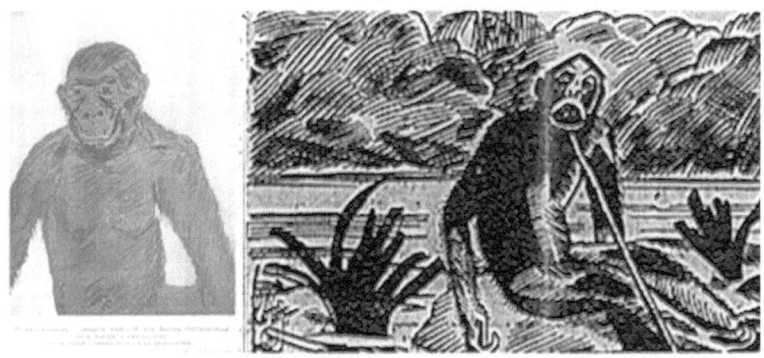

Figures 11. Caricatures inspired by the image of *A. loysi* (Left: Courteville, 1951; Right: Courteville, 1931).

Figura 11. Caricaturas inspiradas en la imagen del *A. loysi* (Izquierda: Courteville, 1951; Derecha: Courteville, 1931).

Figure 12. The "pithecanthropid collage" by Olga E. Paviot de Barle (1945) using the *A. loysi*.

Figura 12. El "collage del pitecántropo" de Olga E. Paviot de Barle (1945) utilizando al *A. loysi*.

Ameranthropoides loysi Montandon 1929

Figure 13. Retouched *Ameranthropoides* and comparison with a *Semnopithecus thomasi* by Nestourkh (1932).

Figura 13. Ameranthropoides retocado y comparado con un *Semnopithecus thomasi* en Nestourkh (1932).

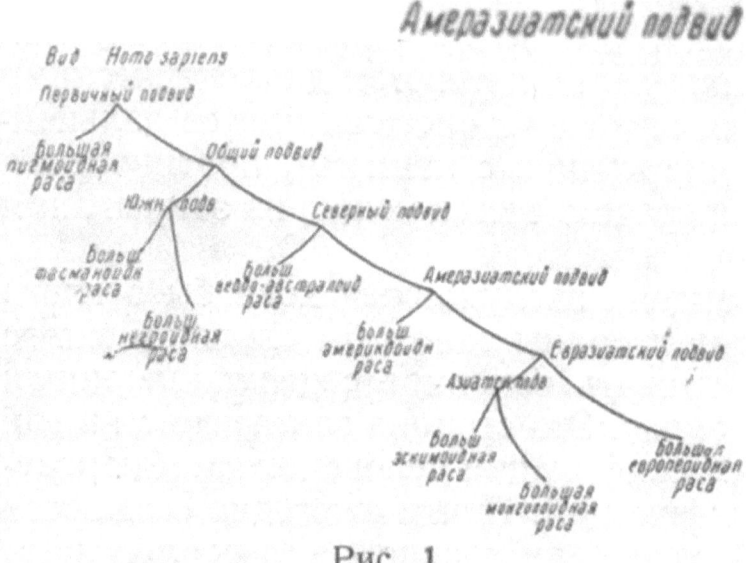

Figure 14. Graph of the location of *Ameranthropoides* along the human evolution lineage (Nestourkh, 1932).

Figura 14. Gráfico de la ubicación del *Ameranthropoides* en la evolución humana (Nestourkh, 1932).

Ameranthropoides loysi Montandon 1929

Figure 15. Ateles hybridus hunted in the region of the Tarra River by A. James Durlacher (1936).

Figura 15. Ateles hybridus cazado en la región del río Tarra por A. James Durlacher (1936).

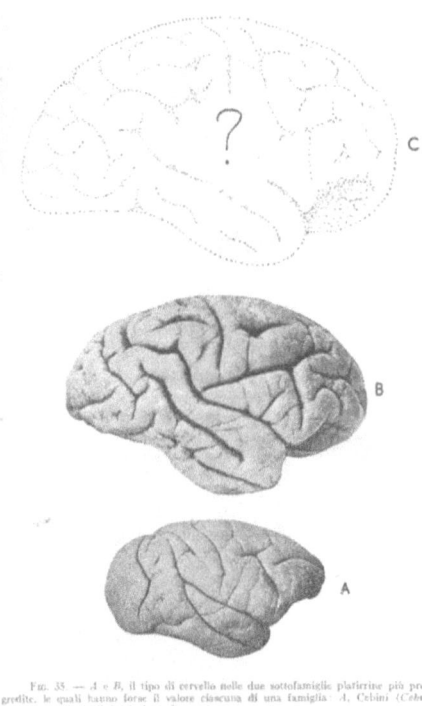

Figure 16. Hypothetical reconstruction of the external brain anatomy of the *Ameranthropoides*, according to Beccari (1943).

Figura 16. Reconstrucción hipotética de la anatomía externa del cerebro del *Ameranthropoides*, según Beccari (1943).

Ameranthropoides loysi Montandon 1929

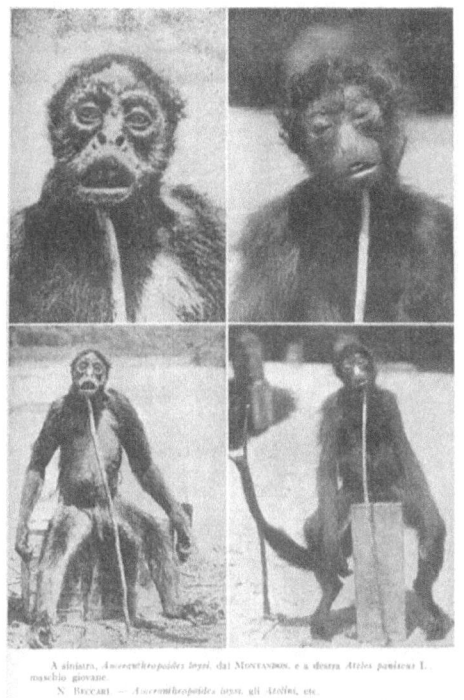

Figure 17. Comparison of the *Ameranthropoides* with the *Ateles paniscus* by Beccari (1943).

Figura 17. Comparación del *Ameranthropoides* con el *Ateles paniscus* por Beccari (1943).

Figure 18. The publication in Venezuela of E. Tejera (1962) that shows new facts about this controversy (See Appendix A).

Figura 18. La publicación en Venezuela de E. Tejera (1962) que muestra nuevos datos sobre esta controversia (Véase Apéndice A).

Ameranthropoides loysi Montandon 1929

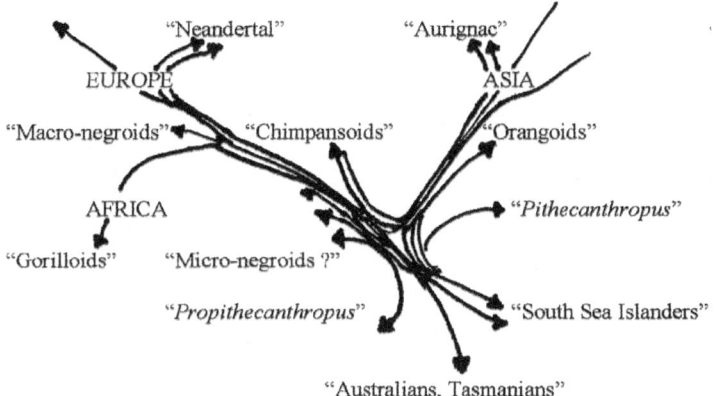

Figure 19. Human descendant graph by H. Klaatsch (Redrawn from Wegner 1910).

Figura 19. Gráfico de descendencia humana por H. Klaatsch (Re-elaborado a partir de Wegner 1910).

Figure 20. F. de Loys with children in state of Zulia, Venezuela (courtesy of S. Theodossiou-de Loys and Archives de la Ville de Lausanne).

Figura 20. F. de Loys con niños en el estado Zulia, Venezuela (cortesía de S. Theodossiou-de Loys y Archives de la Ville de Lausanne).

Ameranthropoides loysi Montandon 1929

Figure 21. F de Loys posing with a Venezuelan girl in the state of Zulia, Venezuela (courtesy of S. Theodossiou-de Loys).

Figura 21. F de Loys posando con una niña venezolana en el estado Zulia, Venezuela (cortesía de S. Theodossiou-de Loys).

Bernardo Urbani & Ángel L. Viloria

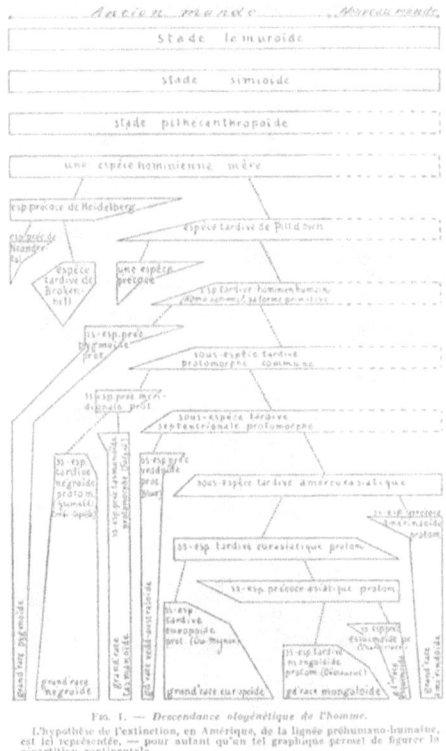

Figure 22. Graph of the hologenetic human descent according to Montandon (1929g). Notice the dashed lines showing the gap for the New World.

Figura 22. Gráfico de la descendencia humana hologenética según Montandon (1929g). Nótese las líneas quebradas mostrando en vacío para el Nuevo Mundo.

Ameranthropoides loysi Montandon 1929

Figure 23. "Ape-like" Mayan statues, used by Montandon (1931a) to pretend that Amerindians had knowledge of supposed anthropoid apes in the Americas.

Figura 23. Estatuas "simiescas" mayas, utilizadas por Montandon (1931a) para pretender que los indígenas americanos tenían conocimiento de supuestos simios antropoides en América.

285

Figure 24. Facial comparison of the *Ameranthropoides* with von Koenigswald's *Pithecanthropus*, according to Heuvelmans (1955).

Figura 24. Comparación facial del *Ameranthropoides* con el *Pithecanthropus* de von Koenigswald, según Heuvelmans (1955).

Contents/Índice

**Ameranthropoides loysi Montandon 1929:
The history of a primatological fraud**   9

Foreword, *by Robert W. Sussman*   11

Preface   13

1. Short historical context   15

2. About the main characters
   of the *Ameranthropoides loysi* affair   17
   - François de Loys (1892-1935)   17
   - George Montandon (1879-1944 or 1961)   21
   - Enrique Tejera (1899-1980)   27

3. Development of the controversy   31
   - The "Discovery" of the F. de Loys "Ape"   31
   - France 1929: The *Ameranthropoides loysi*
     Is Described   32
   - The *Ameranthropoides loysi* Controversy
     Goes Out of Europe   40
   - The Case in the Second Half
     of the 20th Century   52
   - Venezuela, 1962: New Information
     and a Parallel Debate   63

4. Re-evaluating the case and disclosing
the *Ameranthropoides loysi* fraud   67

5. Epilogue   87

Acknowledgments   91

Appendices   95

    Appendix A - Letter of E. Tejera
to G. J. Schael (Tejera, 1962)   95

    Appendix B - Found at last, the first American.
English explorer discovers huge, tailless
anthropoid ape in South America,
upsetting accepted theories of
the evolution of man. By Francis (François)
de Loys, F. G. S. (de Loys, 1929b)   99

    Appendix C - Letters from G. Montandon
and G. Colosi to C. Sartori (Sartori, 1931)   104

Ameranthropoides loysi **Montandon 1929:**
La historia de un fraude primatológico   111

Presentación, *de Robert W. Sussman*   113

Prefacio   115

1. Breve contextualización histórica   117

2. Entorno a los principales protagonistas
del caso *Ameranthropoides loysi*   119
    François de Loys (1892-1935)   119
    George Montandon (1879-1944 o 1961)   123
    Enrique Tejera (1899-1980)   129

3. El desarrollo de la controversia   133
    El "descubrimiento" del "simio" de F. de Loys   133

Francia 1929: Se describe
el *Ameranthropoides loysi* 134

La controversia del *Ameranthropoides loysi*
sale de Europa 142

La controversia en la segunda mitad
del siglo XX 155

Venezuela, 1962: Nueva información
y un debate paralelo 166

4. Reevaluando el caso y descifrando el fraude
del *Ameranthropoides loysi* 171

5. Epílogo 193

Agradecimientos 199

Apéndices 203

Apéndice A - Carta de E. Tejera a
G. J. Schael (Tejera, 1962) 203

Apéndice B - Finalmente encontrado,
el primer americano. Explorador
inglés descubre gran antropoide
sin cola en Suramérica, acentando
teorías evolutivas aceptadas. Por Francis
(François) de Loys, F. G. S. (de Loys, 1929b) 207

Apéndice C - Cartas de G. Montandon y
G. Colosi a C. Sartori (Sartori, 1931) 212

Bibliography/Bibliografía 219

Tables/Tablas 259

Figures/Figuras 263

ABOUT THE AUTHORS/
ACERCA DE LOS AUTORES

BERNARDO URBANI
E-mail: urbaniglobal@yahoo.com

Bernardo Urbani (Caracas, 1977) is B. S. in anthropology *Magna Cum Laude* (Universidad Central de Venezuela, 2000) with a Master of Arts in anthropology (University of Illinois at Urbana-Champaign, 2004) and a postgraduate diploma in ecological modeling (Universitat Politècnica de Catalunya, 2007). His research areas are cognitive and behavioral ecology of Neotropical primates, history of primatology, ethnoprimatology, and primate conservation studies. He is currently a doctoral candidate in the bioanthropology program –primatology– at the University of Illinois, and is an associate student of the Centro de Antropología at the Instituto Venezolano de Investigaciones Científicas. He is a researcher Level II of the Venezuelan Program for Research Promotion.

He has published the results of his research in Venezuela and abroad, is member of various primatological, anthropological, and philatelic associations, and has also participated in a wide variety of scientific meetings.

Bernardo Urbani (Caracas, 1977) es antropólogo *Magna Cum Laude* (Universidad Central de Venezuela, 2000). Tiene una maestría en antropología (University of Illinois at Urbana-Champaign, 2004) y una especialización en creación de modelos ecológicos (Universitat Politècnica de Catalunya, 2007). Sus áreas de interés son la ecología cognitiva y conductual de primates, la historia de la primatología, la etnoprimatología y los estudios de conservación de los primates. Es candidato a doctor por la Universidad de Illinois en el programa de bioantropología en el área de la primatología. Es estudiante asociado del Centro de Antropología del Instituto Venezolano de Investigaciones Científicas e investigador II del Programa de Promoción del Investigador de su país. Ha publicado los resultados de sus investigaciones tanto nacional como internacionalmente. Además, es miembro de asociaciones primatológicas, antropológicas y filatélicas, y ha también participado en varias reuniones científicas.

Ángel L. Viloria
E-mail: aviloria@ivic.ve

Ángel L. Viloria (Maracaibo, 1968) is licenciate of biology (Universidad del Zulia, 1991) and Doctor of Philosophy in zoology (University of London, 1998). At a very young age he developed curiosity and interest in nature. He was progressively inclined to learn about aquatic organisms, especially marine, and switched later on to insects. From his early youth he got involved in practising mountaineering and other exploration activities for years. Natural history in the mountains derived into especialization on taxonomy and biogeography of high elevation butterflies, a field to which he devoted his professional career. He has proved to have a wide variety of intelectual interests, from general zoology, systematic zoology, historical biogeography, comparative biology, history, to philosophy of biology. He was a Zoology lecturer and professor in the Experimental Faculty of Sciences of the Universidad del Zulia and director of its Biology Museum (MBLUZ). He became Associated Researcher of the Centro de Ecología at the Instituto Venezolano de Investigaciones Científicas (IVIC) in July 2000. He is still doing research and teaching graduate students, but most of the time he acts as the Deputy Director of IVIC.

Ángel L. Viloria nació en Maracaibo, Venezuela, en 1968. Es licenciado en Biología (Universidad del Zulia, 1991) y doctor en Zoología (Universidad de Londres, 1998). Desde muy joven expresó curiosidad por la naturaleza, primero hacia el conocimiento de organismos acuáticos, y luego hacia los insectos. Involucrado desde su adolescencia en el ejercicio del montañismo, derivó hacia la especialización en el estudio taxonómico y biogeográfico de mariposas de grandes altitudes, al cual se dedica profesionalmente. Sus inquietudes intelectuales van desde zoología general, sistemática zoológica, biogeografía histórica, biología comparada, historia, hasta filosofía de la biología. Fue profesor de Zoología en La Universidad del Zulia y director de su Museo de Biología. Desde julio de 2000 se desempeña como Investigador Asociado del Centro de Ecología del Instituto Venezolano de Investigaciones Científicas, y desde junio de 2005 es subdirector de este instituto.

Editorial LibrosEnRed

LibrosEnRed es la Editorial Digital más completa en idioma español. Desde junio de 2000 trabajamos en la edición y venta de libros digitales e impresos bajo demanda.

Nuestra misión es facilitar a todos los autores la **edición** de sus obras y ofrecer a los lectores acceso rápido y económico a libros de todo tipo.

Editamos novelas, cuentos, poesías, tesis, investigaciones, manuales, monografías y toda variedad de contenidos. Brindamos la posibilidad de **comercializar** las obras desde Internet para millones de potenciales lectores. De este modo, intentamos fortalecer la difusión de los autores que escriben en español.

Nuestro sistema de atribución de regalías permite que los autores **obtengan una ganancia 300% o 400% mayor** a la que reciben en el circuito tradicional.

Ingrese a www.librosenred.com y conozca nuestro catálogo, compuesto por cientos de títulos clásicos y de autores contemporáneos.